CIENCIA E INVESTIGACIÓN ENCARNADA

Autora

Eugenia Trigo Aza

Colección Léeme

Léeme
Instituto Internacional del Saber
Primera edición: Diciembre de 2011
España
ISBN: 978-1-4709-8358-1

"Ciencia e Investigación Encarnada"

Colección Léeme

Directora:
Eugenia Trigo
Consejo editorial y científico:
Magnolia Aristizábal (Colombia)
Harvey Montoya (Colombia)
Guillermo Rojas (Colombia)
Helena Gil da Costa (Portugal)
José María Pazos (España)
Sergio Toro (Chile)
Ernesto Jacob Keim (Brasil)
Katia Brandão (Brasil)
Anna Feitosa (Portugal)

Diseño, diagramación, impresión y prensa digital: iisaber

Imágenes: Harvey Montoya

El conocimiento es un bien de la humanidad.
Todos los seres humanos deben acceder al saber.
Cultivarlo es responsabilidad de todos.

Al equipo Kon-traste,
por sus afectos y
darme la oportunidad de aprender
a coordinar y orientar diversos procesos

ÍNDICE

PRÓLOGO

¡Escribir un prólogo! ¡Qué tarea honrosa, y a la vez difícil!

Estoy sentada aquí hace mucho tiempo intentando escribir el prólogo de una obra más de una gran y querida amiga. ¿Por dónde empezar? ¿Qué es en verdad un prólogo? Barrera (1987) escribió con mucha propiedad y gracia, que los prólogos son aburridos, que nadie los lee y que, por lo tanto, uno nunca sabe lo que escribir. Pero una cosa, dice, es cierta: lo mejor es ser muy breve.

Nuestras inquietudes, nuestra fascinación, nuestras preguntas son las que mueven el mundo: las respuestas son consecuencias. Hay todavía muchos misterios y dudas en la existencia humana que constituyen el motor que nos conduce a buscar respuestas y, en consecuencia, nos ha llevado a la evolución. Todo esto conduce a un camino que ya no permite conceptos listos, definidos, fosilizados. Cada vez tenemos más preguntas que requieren respuestas más convincentes, abiertas y sin prejuicios.

El primer texto se ocupa de la corporeidad, revelando la idea del hombre en el mundo y el proceso de revalorización y redefinición del cuerpo. En el segundo, la deconstrucción del concepto de la ciencia clásica, que promovió la artificialidad del saber y del conocimiento, sin darse cuenta de La relación sujeto / objeto y que ve a su comunidad como el único grupo de dueños exclusivos del conocimiento. Así sentimos y lo vivimos, una vez que la cultura dominante en nuestras universidades y, en particular en América Latina sigue favoreciendo un tipo de investigación anticuada e intolerante, que se fundamenta en un sistema cerrado de conceptos y categorías exclusivistas.

Los capítulos dedicados a la ciencia e investigación encarnada proponen una reflexión: los tenues límites del conocimiento, especialmente el científico. Por otra parte, los argumentos refuerzan las perspectivas de la real globalización de las culturas y de los saberes, en un proceso trans y metadisciplinar. El hombre como unidad sistémica, actúa y vive en un mundo globalizado y sistémico también. No en el sentido de los medios de comunicación, pero en términos de influencias y de las evidencias. Hawking, en "El Universo en una Cáscara de Nuez", explica eso con el ejemplo de una mariposa que bate sus alas en un determinado lugar del planeta, generando una actividad climática en forma de lluvia en otro lugar bien distante. No es el batir de las alas, sino la influencia de los pequeños movimientos sobre otros eventos en otros lugares, lo cual puede conducir a cambios significativos en cualquier contexto.

La reproducción y la fragmentación del conocimiento parece ser la razón de muchos problemas en la educación, desde la primaria hasta la universidad. Los estudiantes aceptan cada vez menos La rigidez y uniformidad de los planes de estudio que no coinciden con sus necesidades, expectativas reales y proyectos de vida. Son necesarios cambios cualitativos en toda la educación superior, que den soporte al futuro profesional para actuar en el mundo con autonomía, responsabilidad y criticidad .

En el texto sobre la formación y creación de equipos de investigación, Eugenia destaca la importancia del cultivo del pensamiento divergente, de la creatividad y del trabajo en grupo en todas las áreas del conocimiento, sobretodo en la universidad.

La discusión sobre la manera de hacer (técnica) y la razón para hacerlo (estrategias poco convencionales) de las diferentes ramas de producción del saber, favorece el acercamiento entre la cultura científica y la cultura del hombre.

Estoy segura que todas las líneas de esta obra servirán para aquellos que piensan y actúan de manera... diferente.

Dra. Cynthia Tibeau
Brasil

INTRODUCCIÓN

La verdadera sabiduría está
en reconocer la propia ignorancia
(Sócrates)

Hablar de investigación es siempre un desafío y una problemática, ya que estamos inmersos en un mundo en que, o bien a todo se le denomina investigación, o, la investigación es una utopía o solamente para determinadas áreas de conocimiento, países, universidades y personas.

¿Somos todos investigadores?, ¿es la investigación una cuestión *sine qua non* del mundo académico?, ¿deben existir universidades sólo de docencia y de investigación?, ¿es posible combinar la docencia y la investigación?, ¿nos podemos encontrar los investigadores de distintas áreas de conocimiento hablando de investigación?, la investigación ¿es únicamente una o existen distintas miradas e interpretaciones de lo que es este constructo?, ¿solamente la investigación cualitativa o cuantitativa o la que conozco es la válida?, ¿es la investigación independiente de la política?

¿Qué relaciones existen entre investigación, ciencia, conocimiento, sabiduría, metodologías, paradigmas, cosmovisiones?, ¿se pueden dar esas relaciones o se trata de realidades muy diferentes?

¿Por qué hay países, y por tanto universidades, en dónde se valora y estimula la investigación y en otros se castiga? ¿Será que hay países de primera, de segunda o de tercera también en este campo? Entonces, ¿quién o quiénes son los responsables que algunas universidades y por ende algunos académicos, se les

11

apoye en sus procesos investigativos y en otros se les impugna? por estas actividades?

Muchas preguntas que es difícil responder desde, exclusivamente el ámbito de las universidades, cuando éstas pretenden alejarse del mundo político que las mantiene, sustenta, o por el contrario, trata de suprimir. En un mundo en conflicto y crisis sistémica o civilizatoria, las universidades y sus docentes, deberíamos estar investigando más y no menos; deberíamos tomar consciencia de nuestra responsabilidad histórica de generar ideas y conocimiento para colaborar en superar esta "crisis" y no lo contrario. Pero, a veces, el poder del engaño es tan vigoroso que nos dejamos atrapar en las redes de la manipulación y, el "cumplir tareas" del día a día se convierte en "nuestro hacer", lo cual nos aleja de ese compromiso con nosotros mismos y la sociedad a quien nos debemos.

Y qué decir de los sistemas de acreditación, control de la calidad, criterios de evaluación, índices de medida de la producción académica[1]. ¿Quién pone las condiciones?, ¿nos lo hemos preguntado?, ¿y con qué fines?, ¿por qué "hacemos la tarea" sin cuestionarnos lo que hay detrás de ella? Al igual que los gobiernos "hacen la tarea" que les impone el Banco Mundial y demás instituciones internacionales, nosotros también somos buenos cumplidores de "esas" absurdas normas, es más, contribuimos en su implementación y desarrollo al dejarnos convencer –sin pensar- que ése es el camino de la investigación y el reconocimiento.

¿Se nos acabaron las ideas a los académicos-investigadores?, ¿vamos a continuar perdiendo el tiempo en "cumplir normas" de todo tipo, en detrimento de la libertad de pensar y crear?, ¿hasta cuándo nos vamos a creer que la investigación es aséptica y apolítica?, ¿no estamos todos metidos en el mismo sistema de sinvergüenzas?, ¿cómo va a estar la investigación al margen en un mundo globalizado?, ¿globalizado para unas cosas y aislado

---

[1] Sugiero la lectura de los artículos "Los baby teachers: hijos del liberalismo" de Carlos Fajardo y "Paper mata libro, ¿seguro?, de Carlos Eduardo Maldonado; publicados en el diario mensual *Le Monde Diplomatique*, n° 105 de octubre 2011.

para otras?, ¿globalizado para mantener el *status quo* de los ricos?, ¿y quiénes son los ricos en el siglo XXI?

¿Es que no hay otras alternativas[2]?, ¿quiénes son los que dominan el mundo, y por ende el conocimiento, la ciencia, la investigación, la información?, ¿queremos seguir estando ciegos?, porque si es así dejemos de llamarnos docentes, académicos, intelectuales o investigadores ya que la función encargada a esos personajes de la historia ha sido bien otra[3].

Alrededor de estas cuestiones gira el presente libro que no es más que una recopilación de cinco textos escritos a lo largo de los últimos siete años y editados en distintos medios académicos y, que por estar desperdigados, es necesario unirlos bajo un mismo título de cara a presentar los avances de nuestra línea de investigación y de esta manera poder continuar la publicación de nuevos contenidos.

El primer capítulo *Corporeidad, energía y trascendencia* fue escrito en el 2006 con el doctor Francisco Bohórquez. Con él nos dimos a la tarea de desentrañar y actualizar el concepto de corporeidad desde ópticas y cosmovisiones diversas.

El segundo, *La de-construcción del concepto de ciencia*, lo escribimos con el doctor Sergio Toro, chileno, con motivo de un seminario de investigación del programa doctoral de RudeColombia en el año 2005. En él abordamos el constructo

---

2 Mientras redacto estas líneas llega a mis manos el libro *Hay Alternativas*, de los economistas españoles Vicenç Navarro, Juan Torres y Alberto Garzón, prologado por Noam Chomsky. Un libro que, según cuentan sus autores, han decidido transmitir por la red, pues la editorial comprometido con ellos, se volvió atrás, ¿porque el libro pone al descubierto cosas de la realidad-mundo y de la realidad-España, que no son "convenientes" descubrir?

3 Ver artículo "Intelectuales y académicos en la América Latina del siglo XXI, ¿una realidad contaminada?" de Eugenia Trigo y Magnolia Aristizábal, publicado en el libro colectivo *La emergencia de los enfoques de la complejidad en américa latina. desafíos, contribuciones y compromisos para abordar los problemas complejos del siglo XXI*. Editado por la Comunidad de Pensamiento Complejo en 2011.

"ciencia" a partir de introducirnos y profundizar en las distintas culturas y sus maneras diversas de construir conocimiento.

En el tercer capítulo, *Ciencia encarnada* abordo, por primera vez, y después de haberme adentrado en lecturas-otras, la cuestión de qué entendemos por "ciencia" y si la ciencia occidental, es la única manera de afrontar la construcción de conocimiento. Fue un texto publicado en la Universidad del Cauca y que luego, se convertiría en un fundamento epistémico del programa de Maestría en Educación y del Doctorado en Ciencias de la Educación.

El cuarto, *Investigación encarnada*, es el postrero. Acaba de ser publicado en una revista de Brasil y en él desarrollo el concepto de ciencia encarnada trabajado anteriormente y lo amplío con el de investigación encarnada y sus principios.

El último capítulo, *La formación y creación de equipos de investigación* lo escribí en el año 2005 como aporte a la publicación del proyecto de investigación "Sentidos de la Motricidad en el Escenario Escolar" dirigido por Margarita Benjumea desde la Universidad de Antioquia en Colombia. Fue éste un proyecto en que participé como asesora de investigación externa y que me solicitaron para la publicación de la investigación. En él, hago un recorrido histórico de lo que entiendo por procesos formativos en la investigación y creación de equipos de pesquisa, exponiendo dos experiencias que contrasto, la del equipo Kon-traste y la del grupo de Margarita. Al final de este capítulo, actualizo la información con los aportes, que diez años después, los miembros del equipo Kon-traste me facilitaron sobre lo que les quedó en su vida personal y profesional de haber participado de esta experiencia.

Espero que el texto sea del agrado de mis lectores; que contribuya y haga aportes significativos a aquellos que lo lean, como también despierte interrogantes, porque juntos aprendemos; con los detractores y críticos me confronto e igualmente aprendo.

Eugenia Trigo
gmail: etrigoa@gmail.com

CORPOREIDAD, ENERGÍA Y TRASCENDENCIA*

* Publicado originalmente en: Bohórquez, F., & Trigo, E. (2006). Corporeidad, energía y trascendencia. Somos siete cuerpos (identidades o notas). *Pensamiento Educativo*. 38. 75-93.

RESUMEN

Este texto indaga la *vivencia corpórea*, esa complejidad que nos hace humanos y nos dota de identidad ante nosotros, los demás y el mundo. Es una contribución para zanjar la brecha de nuestra racionalidad obcecada y fomentar el diálogo de saberes y afectos, de culturas e intuiciones. Abordamos la corporeidad partiendo de nuestras vivencias y planteamos el concepto de "campo energético humano", basados en la tradición y sabiduría orientales y en algunas investigaciones médicas. Proponemos que nuestra corporeidad está integrada por siete cuerpos, como dimensiones fundamentales para nuestra salud, transformación consciente y trascendencia.

PALABRAS CLAVE: Corporeidad, siete cuerpos, campo energético humano, salud y vida.

Sólo tan alto como puedo alcanzar, puedo crecer,
sólo tan lejos como puedo buscar, puedo ir,
sólo tan profundo como puedo mirar, puedo ver,
¡sólo tanto como puedo soñar, puedo ser!
(Karen Ravn)

Abriendo el debate

Desde hace más de siete años en diversas publicaciones del equipo Kon-traste (Universidade da Coruña - España) hemos destacado la *corporeidad* como concepto fundamental de la Motricidad Humana (kon-traste & Trigo, 1999; 2000). En Colombia a partir del año 2004, hemos continuado avanzando en nuevas preguntas: ¿qué sentidos aporta la corporeidad al sujeto latinoamericano?, ¿qué implicaciones personales tiene abordar estos conceptos?, ¿qué dimensiones se manifiestan en el descubrir corpóreo?, ¿cómo contribuyen a las praxis académicas o profesionales estas diferenciaciones?

La expresión "siete cuerpos", para referirnos a las expresiones de la identidad humana, como dimensiones integradoras de la corporeidad, empieza a ser habitual entre los colegas de nuestra Universidad, surgiendo cuestionamientos por sus referentes teóricos y por su vínculo con la Motricidad Humana. Las explicaciones han sido que el sentido emerge en la comprensión del proceso vivencial-transformativo del sujeto y que hay muchos textos desperdigados en visiones de diversas procedencias. Resultaba necesario escribir ese texto.

Corporeidad

> *En las sociedades tradicionales el individuo está mezclado con el cosmos, con la naturaleza, con la comunidad y la imagen del cuerpo es una imagen de sí, alimentada con las materias primas que componen la naturaleza y el cosmos, en una especie de indistinción (Le Breton, 2002)*

La corporeidad es mi ser en el mundo. El primero en hablar de él parece ser el filósofo francés Maurice Merleau-Ponty (1945) quien desde una mirada fenomenológica se preocupó por comprender el cuerpo, alejándose de la imagen cartesiana que separa cuerpo y mente, y de la imagen cristiana que concibe cuerpo y alma como entes separados. Nuestra corporeidad somos nosotros. Pero percibir nuestra ser como totalidad como no parece algo fácil. La corporeidad es algo más que un concepto filosófico o antropológico. *La corporeidad somos nosotros como seres en el mundo*, pero esta no es una idea que baste

18

entenderla, es una idea que requiere vivenciarse: incorporarse, porque la historia nos separó del cuerpo para percibirlo como un "agregado material que cargamos encima".

Para Zubiri (1986) el hombre es la vida trascendiendo en el organismo a lo meramente orgánico y estamos presentes en la realidad en cuanto somos expresión de nuestra *corporeidad*. Cree que el ser humano no "tiene" psiquis y organismo, como términos añadidos uno al otro, sino que "somos" psico-orgánicos, y desde este punto de vista, "somos una unidad sistémica de *notas*". El concepto de notas integra lo que llamamos propiedades, o cualidades, así como las partes constitutivas de una unidad; las notas son *analizadores* de una unidad que actúa y existe como *sistema*: la unidad de un constructo de notas en que la cosa existe. Toda nota, para Zubiri, lo es por estar articulada con otras en forma precisa; aunque pueden concebirse independientemente, sólo lo son cuando están integradas entre sí. El hombre es un complejo sistema de notas. De esta forma, como corporeidad, somos unidad sistémica de notas, a través de la cuál actuamos: no tenemos un cuerpo que actúa, ni una conciencia que percibe sus actos; somos corporeidad consciente de nuestros actos (Zubiri, 1986:43-63).

Morin plantea que la ciencia positivista fundada en la verificación empírica y la lógica crea una paradoja: aunque a diario crece el volumen del conocimiento, la sociedad naufraga en el error y la ignorancia. Para este autor vivimos en el paradigma de la simplificación formulado por Descartes, quien concibió al sujeto pensante separado del resto de sí mismo, su cuerpo. Morin plantea el paradigma de la complejidad, cuya ambición es mostrar el conocimiento multidimensional y articulado. Uno de los axiomas del pensamiento complejo es el principio hologramático. En un holograma[1] cada punto de la

---

1 Holograma del griego, *holo,*: 'todo'; y de *grama*, 'mensaje': es un método de obtener imágenes fotográficas tridimensionales. En un holograma cada parte está en el todo y el todo está en las partes . Ello se evidencia en el mundo biológico -cada célula contiene en sus genes toda la información del organismo- y en el mundo social –cada ser contiene la información fundante de una comunidad-.

imagen contiene la totalidad de la información del objeto representado. Este principio permite superar el reduccionismo y el holismo, integrándolos; así aprehendemos por el todo y por las partes (Morin, 1990: 21.107).

Un fenómeno que nos hace conscientes de la corporeidad es la enfermedad. Cuando enfermamos, percibimos la fragilidad de nuestro cuerpo y nos percatamos que más que habitantes de un cuerpo, somos cuerpo. El dolor y los trastornos orgánicos nos dificulta cumplir con nuestros roles habituales, sacándonos de la cotidianeidad, del mundo externo. Nuestro organismo en crisis es el mundo en crisis. Además de sensaciones físicas surgen intensas emociones: rabia, miedo, ansiedad, frustración, etc. Nuestros pensamientos cambian de inmediato, niegan, reniegan, sospechan, anticipan; sufrimos. Enfermar nos hace conscientes que estamos vivos y que podemos morir (Bohórquez, 2004). Confrontados por la enfermedad, acudimos a lo espiritual. La oración se transforma –para muchos- en opción terapéutica. Un universo totalizador se revela justo en el instante que nuestro ser se des-integra. En un hecho paradójico, reconocemos la unidad y compleja multiplicidad de nuestro ser, justo cuando está más disgregada. "Eso" que parece des-agregarse en nosotros es la corporeidad. Enfermar nos da conciencia de ser unidad en la diversidad. Pero no sólo la enfermedad disgrega, casi toda la cotidianeidad fragmenta. ¿Por qué vivimos disgregados?, ¿cómo está integrada nuestra unidad?, ¿para qué sirve comprender esto?

Nuestras vivencias

Cuando reflexionamos sobre nuestras vivencias, nos miramos y reímos de nosotros mismos, que es la mejor y más sana manera de reírse. Reímos de nuestra ingenuidad, de que hasta hace poco tiempo nos confundía la idea de *unicidad*, resultaba difícil asumir la integridad de nuestro ser; nos había acostumbrado a vivir fragmentados.

Eugenia: Más que un concepto, para mí la vida dejó de ser *vértigo* y se transformó en *energía*. Sucedió que un día empecé a tener ."mareos". Mi cuerpo desesperado gritó: ¡ya basta!, entonces, esperanzada busqué ayuda médica; pero muchos doctores hablan y escuchan poco, usan palabras extrañas, escriben con letra indescifrable y al final su única explicación es: "tómate esta medicina y te irás mejorando". Este mal que la medicina alopática llama "vértigo postural *benigno*", fue atribuido al e*strés* y tratado por años con vasodilatadores. Un día llegaron las crisis y no soporté más. Necesitamos encontrar espacios dónde en lugar de palabras científicas y "serias", surja el afecto, miradas de contacto y confianza; que nos dejen hablar con la *piel del alma.*

La curiosidad me llevó a otras búsquedas. En estos caminos comencé a escuchar la palabra "energía" y me "enseñaron" a sentirla. Me explicaron que "somos energía" y que ésta fluye en mi, entre nosotros y el universo. Yo había estudiado que la energía sólo se transforma, pero lo había entendido lógicamente; el día que *sentí* una esfera de energía entre mis manos, pude *comprenderlo.* ¿Qué era aquello? No había "nada" entre mis manos, ¿cómo era posible que sintiera un algo?, ¿por qué esta esfera tenía una dimensión exacta?, más allá se evaporaba y ¡no me permitía cerrar las palmas!. Después, estando de pie, alguien me desplazó sin tocarme, ¡casi me caigo! y tuvieron que sujetarme.

Así, bajé la guardia de mi racionalidad y abrí nuevas miradas. Había otras maneras de comprender la realidad surgidas de conversaciones entre la sabiduría oriental y la ciencia occidental (Goleman, 1997). Estas vivencias energéticas llevaban mi cuerpo a enraizarse y me energizaban por medio de masaje sensitivo, osteopatía, bioenergética, homeopatía o reiki. Eran conocimientos que entraban directamente a mi piel. Gracias al deseo de sanar supere el miedo, muchos bloqueos y salí de una crisis existencial, adquiriendo fuerza y confianza; abrí la emocionalidad y mi inteligencia creadora (¡mi gran descubrimiento¡).

Francisco: En mi caso, el cuerpo que en la infancia fue *limitación*, ahora es *trascendencia.* En la infancia tras iniciar la primaria resulté poco hábil para el fútbol, hecho que me valió de mis compañeros un adjetivo doloroso: ¡eres un palo!. Eso no sólo me aisló de los deportes, durante un tiempo fui excluido de la niñez "normal" y me torné un minusválido social. Después en la adolescencia, además de ser muy delgado, una curvatura en mi espalda añadió una carga adicional a mi cuerpo apareciendo una "joroba", que dobló mi imagen corporal. Me desconsolaba mi imagen corporal. Solo en la vida adulta pude emanciparme de mi cuerpo doblegado y descubrir que podía sentir, expresar y transformar mi ser. A ello contribuyó primero el atletismo, luego descubrir mi sexualidad y finalmente, empezar a participar activamente de la vida universitaria.

Tuve el privilegio de estudiar medicina, y posteriormente ser profesor universitario. Sin embargo la medicina en su teoría, poco me mostró de mí mismo; se requirió que ciertas crisis, coincidencias y personas llegaran a mi vida. Después de estudiar con los jesuitas, critiqué sus contradicciones y en la universidad me refugié en la perspectiva biomédica y socialista, me sentía seguro en el materialismo que explicaba racionalmente lo que la religión sólo veían como dogma. Siendo ya especialista un espasmo me envió a reposar varios días y encontré un texto de un psiquiatra que descubría las múltiples vidas de una paciente que voltearon mi visión agnóstica. Sucesivas búsquedas me condujeron a una depresión que me hundió en el vacío del mundo, y entonces surgieron manos amigas que trajeron luz al mundo grisáceo que percibía y emprendí nuevos rumbos: conocí el Yoga, la Ciencia Cósmica y años más tarde la Motricidad Humana. Así, mi forma de sentir, pensar, hablar y reaccionar han ido cambiando.

Estos caminos de enfermedad y cura han re-organizando nuestras vidas, contextos, decisiones, roles y metas buscando superar incoherencias. La corporeidad es un proceso de auto-reconocimiento y re-construcción continua. Nuestro mundo no esta dado, es histórico; es una opción de re-presentarse uno a sí mismo ante los demás. Esta construcción surge de múltiples interacciones: íntimas, interpersonales y ecológicas. Pero es entre humanos que desenvolvemos nuestras potencialidades humanas; son los otros los que nos permiten ir siendo, en ese camino de "dar de sí", de desdoblar toda nuestra personalidad (ser corpóreo) de cara a esos horizontes de inmanencia-trascendencia. La vida es cambio y mudamos en el día a día, el desafío es seguir cambiando sin dejar de ser nosotros mismos. Buscado esta comprensión vemos que surge la necesidad de coherencia entre pensar, sentir y hacer.

En este diálogo de vivencias queremos ampliar nuestra capacidad de comprender y dar sentido a la existencia. Las "partes" que aprendimos en anatomía aisladamente, ahora son unidad, totalidad. En los libros, en la universidad estudiamos el cuerpo físico separado de la psiquis y en esta lo cognoscitivo aparte de lo emocional, otras realidades humanas, que después descubrimos, eran ignoradas, negadas o rechazadas pues no pueden "medirse" ni controlarse por los métodos tradicionales y aceptados en la "ciencia" occidental. Entonces comenzamos a ponerle palabras a aquello que sentíamos, a aquello que nos estaba sucediendo en nuestra individualidad.

Energía Humana, Tradición y Sabiduría

La energía según la física, es la capacidad para realizar un *trabajo*, es decir, la fuerza necesaria para la producción de *movimiento* en un cuerpo; se dice que el trabajo es energía en movimiento. Todo cuerpo posee energía como resultado de su movimiento, posición o en virtud de las fuerzas que actúan sobre él. Siempre que hay movimiento hay transferencia de energía, sea de una parte a otra del mismo cuerpo como entre los cuerpos que interactúan. Energía es capacidad de acción, que se puede manifestar en forma mecánica, térmica, química, eléctrica, radiante o atómica (Encarta, 2003).

La medicina y la psicología se han preocupado durante siglos por la energía. En 1842 Mayer formuló la ley de la conservación de la energía, que afirma, que en un sistema cerrado, la cantidad de energía permanece constante a pesar de sus cambios internos. La biología nos enseña que los seres vivos utilizan energía para sus actividades vitales mediante un complejo conjunto de reacciones químicas denominado metabolismo. Para la psicología la energía es considerada la fuerza activa que impulsa las acciones humanas; según esto poseemos una energía psíquica, una fuerza o energía subjetiva que impulsa los procesos psíquicos (Currás & Dosil, 2001).

Sin embargo, más allá de las visiones mono-disciplinares, que estudian el cuerpo por un lado, la psiquis y el espíritu por otro; existen posturas integradoras que perciben al ser humano siendo y actuando como totalidad energética. Si la energía es capacidad de acción, debemos preguntarnos ¿cuál es la energía que nos permite actuar como seres humanos? Si bien nuestros sistemas orgánicos subsisten gracias a sus procesos metabólicos, ¿cuál es el resultado de su integración? , ¿existe una *energía humana*?, ¿el ser humano posee, o es, una forma de energía? Estas cuestiones conducen a otras: ¿qué diferencia hay entre la energía humana y la de animales, vegetales o minerales?; además, ¿cómo influye esta energía en nosotros?, ¿podemos percibirla?, ¿cómo interactuamos energéticamente entre humanos y con la naturaleza?; ¿influimos consciente o inconscientemente en los cambios de esa energía?, ¿influimos con nuestra energía en otros y otros en la nuestra? Extrañamente estos aspectos no son abordados en los modernos libros de biología o medicina. Sin embargo, hace más de tres mil años ya se hablaba de ello en textos sagrados orientales. ¿Pueden sus explicaciones ayudarnos a comprender estas incertidumbres?

La filosofía China, quinientos años antes de Cristo dio dos respuestas a estas preguntas: Tao y Qi. Para los chinos el Tao (camino), es una manera de vivir y concebir el mundo, no religiosa, que permite comprender la existencia y sirve de guía para una completa salud. El Tao es una forma de pensamiento

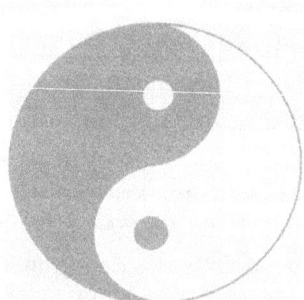

que se interesa por la vida en forma completa, armónica y trascendente. La medicina china considera que el *qi* o *chi* es aliento, y equivale al concepto de energía en la visión occidental, chi es la energía primordial que infunde, que da vida, a toda la naturaleza (Reid, 1989).

Qi, con mayúscula, es la suma total de toda la energía del cosmos, pero además hay un qi de la tierra, un qi del cielo, los cuales mezclados dan el qi que confiere energía vital a todos los seres vivos y por ende al hombre. El cosmos posee su propia energía: *tian qi* o energía celeste. Así mismo el ser humano tiene un qi primordial (*yuan qi*) que recibimos al ser concebidos y según lo manejemos determina el tiempo de nuestra existencia; un qi que nos da vitalidad (*yang qi*) que se libera y acumula en el cuerpo durante la excitación sexual y el orgasmo; un qi nutritivo (*ying qi*) que se extrae de los alimentos y el agua y un qi protector (*wei qi*) que se produce a partir de los procesos de la digestión y se acumula en la piel y protege al organismo de los efectos nocivos de la naturaleza. Finalmente, para cumplir con su función el qi necesita un "campo" que lo impulse, de una tensión dinámica que le permita su acción la cual surge del conjunto de fuerzas Yin y Yang (Reid, 1989:22).

Yin y Yang son fuerzas mutuamente dependientes, constantemente interactivas y potencialmente intercambiables. El Yin es más fuerte y abundante que el Yang, pero el Yang es más visible y activo. Yin es lo nuboso, lo turbio; Yang, es lo claro, lo luminoso; Yin es principio de lo femenino, la tierra y Yang de lo masculino, del cielo. A pesar de su polaridad, ambas tienen en su interior la semilla embrionaria de la otra, como se ilustra en el signo circular cuya interacción genera la unión de los opuestos, el Tao que también se denomina Tai Ch´i (Wilheml, 1989).

Para los Vedas, fundadores de la India, la energía era designada con la palabra *Prana*, que como Qi significaba aliento vital, la fuente básica de todo lo existente. El aire que respiramos está cargado con prana que al ser absorbido por la sangre es usado para nutrir al organismo; siendo además la fuente de pensamientos, voluntad o acciones. El Yoga da gran importancia al prana. Uno de sus ocho escalones es el *pranayama* o control de la respiración, cuya práctica permite regular la respiración voluntariamente y sustentar ejercicios, relajación y meditación. Respirar es el sustento vital y por ello debe ser un acto consciente que puede ser terapéutico (Farhi, 1998).

Según las clásicas tradiciones religiosas orientales: Brahmanismo, Vedanta y Budismo, los seres humanos existimos en siete planos, organizados en siete cuerpos y regulados por siete chakras o centros de energía. Los siete cuerpos se dividen en cuatro "cuerpos" inferiores: *físico, emocional, mental y etérico;* y tres superiores o *espirituales: ápnico, budico y monádico.* Los inferiores son "vehículos de expresión" que a manera de envolturas o vestimentas dan la forma externa, nos permiten desenvolvernos en el mundo material y evolucionar conscientemente, pero a la vez nos limitan. Los cuerpos superiores son nuestra realidad trascendente; la Mónada o Esencia Divina es nuestro verdadero Yo (Iyengar, 2001). Para trascender las limitaciones materiales generadas en los apetitos instintivos, el engaño de los sentidos y las trampas del pensamiento y alcanzar la unión con el auténtico conocimiento -el espíritu universal o Brama, debemos liberarnos de los cuerpos de naturaleza inferior que nacen y mueren sucesivamente -ciclo de la reencarnación-, evolucionando conscientemente para integrarnos espiritualmente (Eliade, 1998).

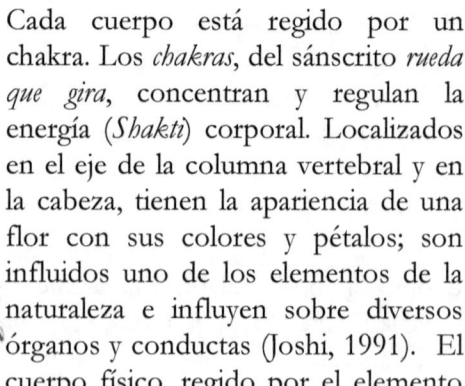

Cada cuerpo está regido por un chakra. Los *chakras*, del sánscrito *rueda que gira*, concentran y regulan la energía (*Shakti*) corporal. Localizados en el eje de la columna vertebral y en la cabeza, tienen la apariencia de una flor con sus colores y pétalos; son influidos uno de los elementos de la naturaleza e influyen sobre diversos órganos y conductas (Joshi, 1991). El cuerpo físico, regido por el elemento tierra, actúa por influencia del chakra *muladhara*, localizado en la base del sacro, de color rojo y con cuatro pétalos; es el centro regulador de la energía sexual, e influye órganos excretores, reproductores y los sistemas circulatorio y linfo-hematopoyético. El cuerpo emocional, influido por el elemento agua, está bajo la influencia del chakra *manipura*, localizado en la región umbilical, tiene ocho pétalos y color verde; influye sistema nervioso periférico, riñón, órganos sexuales internos, glándulas suprarrenales y piel. El cuerpo mental, influido por el elemento aire, bajo la influencia del chakra *svaddhistana;* localizado a nivel del epigastrio, sobre la región hepatoesplénica, tiene seis pétalos y color amarillo; influye los órganos abdominales y pélvicos, el tejido adiposo y la hipodermis. El cuerpo etérico o astral, influido por el elemento fuego, constituye la plantilla que da forma al cuerpo físico; es el cuerpo de memorias que contiene el registro de las experiencias que el ser ha vivido; está bajo la influencia del chakra *anahata;* localizado a nivel del corazón, tiene dieciséis pétalos, de color blanco, influye los órganos torácicos, páncreas, riñones, sustancia blanca cerebral, vasos linfáticos, corazón, médula espinal, piel y sistema óseo (Cairós, 1977).

Los cuerpos superiores (*ápnico, budico y monádico*), son vehículos más sutiles, difusos e interpenetrados y los niveles de mayor vibración del *aura humana.* Vinculados con los tres chakras superiores, son en orden ascendente: *vishudda,* localizado a nivel de la laringe, con 12 pétalos y color azul; influye píloro, cardias, ojos, glándula tiroides e hipotálamo. El primer chakra de la cabeza o *ahja-chakra,* ubicado sobre la glándula hipófisis, tiene color naranja, noventa pétalos e influye la secreción glandular de estómago, útero, hipófisis, pineal, tejido adiposo e hipotálamo posterior. Finalmente, está el *sahasrara,* séptimo chakra localizado en la glándula pineal, de color violeta, tiene novecientos sesenta pétalos, e influye encéfalo, lóbulo anterior de la hipófisis, pineal e hipotálamo anterior. Se han descrito correlaciones funcionales "bio-psico-generadoras"; basadas en los impulsos bipolares de estos centros bioenergéticos que son simultáneamente semejantes y opuestos, regulados por factores de equilibrio, representados en la siguiente tabla (Cairós, 1977).

Energía Humana y Medicina: Bioenergía

La investigación médica de la energía humana se remonta a Paracelso quien, en el siglo XVI, describió el *iliaster,* una fuerza procedente de la materia vital semejante a una esfera de fuego, responsable de la curación y el trabajo espiritual. Dos siglos después Mesmer, describió el *magnetismo animal*, una energía con la facultad de ser transmitida desde seres con virtudes curativas. En 1845, el alemán Von Reichenbauch, publicó hallazgos de observaciones realizadas con cristales o imanes en personas, animales y plantas en una habitación a oscuras, que mostraban emanaciones lumínicas de colores rojo, violeta, naranja y verde. En 1911 el inglés Kilner, analizó el cuerpo humano visto a través de láminas con cristal de dicianina que mostraban un campo luminiscente, que denominó *atmósfera humana*, diferente en personas sanas o enfermas. En 1939 los esposos soviéticos Simeón y Valentina Kirlian desarrollaron en el Hospital de Alma-Ata, *electrofotografías* de plantas o personas en cuartos oscuros que irradiados con campos eléctricos de alta frecuencia, mostraban imágenes espectrales de colores, surgiendo la fotografía Kirlian, hoy día de amplio uso médico en Rusia (Barlett, 1995).

Con estos fundamentos Humio Inaba, en Tohoku, Japón, en 1936 demostró que la sangre de personas con cáncer o diabetes emite fotones más intensamente que los tejidos sanos. En 1940 de la Warr detectó radiaciones en tejidos vivos, surgiendo la *radiónica*, que permite localizar tejidos enfermos. Entre los años 30 y 50 Wilhelm Reich, colega de Freud, postuló la energía universal, que llamó *orgónica*, desarrollando la electroorgónica. Después de la segunda guerra mundial los aportes soviéticos fueron notables. En los años 50 el Instituto de Bioinformación de Popov, describió el *bioplasma* humano.

Igualmente, auspiciada por la KGB, surgió la *Psicotrónica*, tecnología electromagnética destinada a interferir la actividad mental humana, como arma de la Guerra Fría. Más recientemente (1967), Schlippenbach en la Universidad de Leningrado, mediante *electroaurogramas* midió el campo electromagnético humano. En 1982, el rumano Dumitrescu demostró que los campos bioeléctricos humanos poseen frecuencias variables detectables mediante *energía electrodérmica* visibles solo en enfermedades (Brennan, 1990:40-45; Albino, 1996).

Nombre de los chakras	Localización corporal	Nombre en Sánscrito	Color	Control	Polaridades Factor de equilibrio
Coronario	Coronilla	Sahasrara	Violeta	Espiritualidad	Espiritualidad / voluntad, Humanismo
Frontal	Entrecejo	Ajna	Oro Rubí	Intelecto	Humanismo/materialismo, Discernimiento
Laríngeo	Garganta	Vishuddha	Azul aguamarina	Ambiciones	Generosidad / ambición Realismo paciente
Cardiaco	Corazón	Anahata	Blanco	Temores	Miedo / osadía Fe en sí mismo
Esplénico	Región hepato-esplénica	Svaddishthana	Amarillo	Emotividad	Pasividad / violencia Autoestima
Umbilical	Plexo Solar	Manipura	Verde	Pasiones	Control / sometimiento Desapego
Fundamental	Órganos Sexuales	Muladhara	Rojo	Sexualidad	Creatividad / libido Amor a la familia

Recientemente, Kaznacheev y Michaylova del Instituto Siberiano de Patología General y Ecología Humana, descubrieron interacciones a distancia en cultivos celulares (1973); radiaciones superdébiles intercelulares (1981) y bioinformación en campos electromagnéticos naturales (1985) (Sinor, 2005).

Buscando aplicaciones terapéuticas Konikiewicz del Centro Médico Harrisburg, Pensylvania, descubrió en 1973, que los sentimientos negativos debilitan la intensidad de la corona interior Kirlian registrada en los dedos de la mano; y que la alegría y la excitación sexual la vuelve más intensa. En 1979 Thelma Moss demostró que tejidos de ratas inyectados con células cancerosas se distinguen de los sanos mediante fotografía Kirlian (Moss, 1979). Valerie Hunt de la UCLA, encontró que cuando un sanador enfoca su mente conscientemente en un paciente, se registran en el cuerpo un campo *escalar,* una energía no radiante –sin frecuencia- y estacionaria, descrita por Tesla. Para Hunt (1989), la energía *"bioescalar"* permite controlar dolor, sanar tejidos traumatizados o frenar células cancerosas. Asociando estos esfuerzos, en 1987, fue fundada la IUMAB - *International Union of Medical Applied Bioelectrography-*, órgano máximo de la Bioelectrografía. Finalmente, en 1999 el Ministerio de Salud Ruso reconoció formalmente la Kirliangrafía como hecho científico, como también lo hizo la OMS. (Savva, 2000).

Investigaciones realizadas con videntes, sanadores y curadores tradicionales; han permitido comprender mejor la "medicina bioenergética". Por ejemplo, Hiroshi Motoyama (1989) y Zin Yan (1999) midieron la energía Qi y las cargas eléctricas de los meridianos de acupuntura. Robert Beck, demostró que las ondas mentales de los sanadores están sincronizados con el campo magnético terrestre (resonancia Shumann) y Jhon Zimmerman (1985), del Instituto Bioelectromagnético de Reno, reveló que los pacientes después de vincularse con su sanador, asumen también el ritmo alfa electroencefalográfico de éste. Jonh Pierrakos (1973, 1997) al igual que otros investigadores (Karagulla, Frost, Brennan) han demostrado que existe correlación directa entre los colores descritos por videntes del aura y los chakras, con los estudios de kirlingrafía y bioelectrografía (Brennan, 1999). A pesar de la importante literatura, ésta es poco aceptada en revistas científicas tradicionales y muchos autores publican sus hallazgos independientemente o en revistas científicas "alternativas". Quienes han asumido esta osadía se los mira con la sospecha de ser embusteros o de estar sesgados por creencias religiosas, místicas o mágicas. (Svaa, 2000) ¿Por qué tanta dificultad en reconocer la importancia de la sabiduría y la medicina ancestrales? Yendo más allá, ¿qué aportan estos conocimientos bioenergéticos a nuestra vida cotidiana y qué implicaciones tienen para nuestra salud y educación?

Somos Siete Cuerpos (identidades o notas)

Después de lo dicho, consideramos fundamental realzar nuestra *identidad corpórea* como complejidad multidimensional integrada. Desde la perspectiva hologramática, la corporeidad no puede reducirse a un holismo amorfo que funde indiscriminadamente nuestra constitución, pero tampoco podemos resignarnos a la anatomía que nos ha disecado por siglos en cuerpo-mente llenos de dualidad. ¿Entonces qué somos? Somos un solo ser, que se expresa en manifestaciones que podemos llamar *cuerpos, identidades o notas,* para referirnos a la complejidad humana. Buscamos encontrar palabras a nuestra percepción corpórea, un sentir como dice Merleau-Ponty que compartimos como humanos. Aunque quisiéramos evitar caer en descripciones, distinguir nuestras manifestaciones resulta importante si queremos comprender los procesos de des-integración, en que caemos frecuentemente bajo la conciencia que nos impuso la ciencia cartesiana.

Superar la mirada cartesiana implica desprendernos del modelo de aprendizaje que considera la realidad susceptible de ser captada independientemente de quien pretende aprehenderla. Como dicen Bárbara Brennan (1999:44) la mayoría de nuestro conocimiento y herencia cultural se basa en el modelo metafísico que asume que la mente emana de la materia; ahora nuestro futuro nos plantea el enfoque

31

hologramático que reconoce que la materia emana y evoluciona a partir del pensamiento, es decir, de nuestra corporeidad. Morris Berman (1987:179-80), al revisar los trabajos de W. Reich, afirma que:

No hay ninguna concepción en la mente del hombre que no hubiera sido primero captada por los órganos de los sentidos,... el aprendizaje se lleva a cabo mediante la acción,... el conocimiento es aprendido y generado, primero y fundamentalmente por el cuerpo, y es el cuerpo el que sufre cuando se requieren cambios serios. Una conciencia diferente es un cuerpo diferente.

Berman (1987: 214) cree que "cualquier aprendizaje,... es la adquisición de un rasgo de personalidad, y lo que nosotros llamamos «carácter» (*ethos* en griego) se construye sobre premisas adquiridas en contextos de aprendizaje." Reconocer tal *epistemología corpórea* implica que pensamos y conocemos con nuestra corporeidad. Aceptar nuestra totalidad, como integridad materia-mente-energía, genera otra cuestión: ¿para qué saber cómo conoce nuestro cuerpo? Una primera reflexión es que aunque conocemos y evolucionamos como unidad, aprehendemos el mundo mediante diferentes niveles de conocimiento. Ken Wilber nos dice que contamos con tres ojos: *el ojo de la carne*, por medio del cual percibimos el mundo externo: espacio, tiempo y objetos materiales; *el ojo de la razón*, que nos permite alcanzar el conocimiento filosófico y lógico; y *el ojo de la contemplación*, mediante el cual tenemos acceso a las realidades trascendentes (Wilber, 1983).

Para conocer y aprehender las distintas dimensiones de la realidad (material, intelectual y espiritual) necesitamos la *integración* de estos tres ojos, puesto que requerimos percibir, adaptarnos y responder diferencialmente a distintas realidades; infortunadamente, al actuar desintegradamente privilegiamos ciertos medios, ignorando o rechazando otros: "un racionalista es alguien que desechando el ojo de la carne y de la contemplación como poco fiables, afirma que el único conocimiento posible es el de la razón, ese era Descartes". Si bien el ojo de la razón puede y debe vincularse con el ojo de la carne para aprehender la realidad física y transformar el mundo, aprovechando la racionalidad; la percepción sensorial y la razón pura, sencillamente son incapaces de captar las realidades trascendentes y cuando lo intentan sólo llega a conclusiones contradictorias (Wilber, 1983:13-33). En suma, sólo percibiendo el mundo armoniosamente podremos vivir en él plenamente. Pero, ¿cómo aprehendemos la realidad íntegramente?

La sabiduría antigua habla de siete cuerpos. Veamos primero ¿Por qué siete? Entre los egipcios era un símbolo de vida eterna; simboliza un ciclo completo, una perfección dinámica. El siete simboliza la totalidad del espacio y del tiempo. Siete son los días de la semana y siete las esferas celestes. El septenario resume la totalidad de la vida moral, adicionando las tres virtudes teológicas, la fe, la esperanza y la caridad y las cuatro virtudes cardinales, la prudencia, la templanza, la justicia y la fuerza. Los siete colores del arco-iris y las siete notas de la gama diatónica revelan el septenario como un regulador de las vibraciones, de las cuales varias tradiciones primitivas hacen la propia esencia de la materia (Chevalier, y Gheerbrant, 1998). Sin embargo, la imagen que suele captarse de los siete cuerpos es biológica, como capas de cebolla superpuestas; en realidad, son manifestaciones diferenciadas de nuestra única realidad, que están interpenetradas, son interdependientes y hacen parte de nuestra identidad, capaz de expresarse en diferentes *notas*.

¿Cuáles son estas notas de la complejidad humana? Proponemos que nuestra identidad corpórea se sustenta en siete cuerpos, análogos a los descritos por las tradiciones ancestrales, que se expresan como *notas* de nuestra corporeidad (Zubiri); para que nuestro ser sea una sinfonía necesitamos la participación armónica de todas las notas de nuestra escala. Creemos que es en consonancia que "resonamos" los humanos (Trigo, 2004). Para fluir humanamente en la escala personal, social y cósmica precisamos de la integración de siete cuerpos: físico, emocional, mental, inconsciente, cultural, mágico y trascendente.

SOMOS SERES FÍSICOS: (*Sthula Sharira* en los vedas, *Limbus* de Paracelso, *Cuerpo Carnal* del cristianismo o *Cuerpo Denso* de la teosofía). Nuestro cuerpo material, orgánico o biológico, es palpable, tocante y tocado, receptor y transmisor, la ventana de nuestros sentidos, las sensaciones, la ventana del alma, es presencialidad, nuestra carta de presentación ante nosotros mismos, los otros y el mundo.

SOMOS SERES EMOCIONALES: (*Linga Sarira* de los vedas; *Mumia* por Paracelso). Son las emociones y sentimientos los que entrelazados con nuestro ser racional nos hacen humanos, no es lo racional lo que nos lleva a la acción sino lo emocional (Maturana, 1990). Somos el resultado inmediato de nuestras emociones, que determinan lo que es y sostiene nuestro cuerpo y nuestros pensamientos (Damásio, 1995, 2000).

SOMOS SERES MENTALES: (*Manas Inferior* o *Karana Sharira* de los vedas, *Sideral* de Paracelso o *Mente Inferior* de la teosofía). Es cognición, razonamiento, memoria, análisis, síntesis, comparación, asociación, argumentación, crítica; en últimas, lenguaje, lo que manifestamos al ser conscientes del mundo. Pero ni lo mental ni el lenguaje no son cerebro, ni están solamente allí. Nuestra mente es orgánica, emocional y espiritual, y se distribuye en cada una de sus células y se descubre en la interrelación entre el medio y el organismo (Principio Hologramático, Morin, 1990; Autopoiesis:[2] Maturana y Varela, 1984).

SOMOS SERES INCONSCIENTES: (*Kama Rupa y Eidolon* de oriente, *Archaou*s de Paracelso, o *Cuerpo de Deseos* de la teosofía.). A pesar de ser conscientes, buena parte de nuestra actividad psíquica transcurre en una gran oscuridad. Tenemos una "zona sumergida" de nuestra personalidad, de la que no somos tan conscientes; de naturaleza pulsional ésta actúa como depósito de recuerdos condensados, deseos reprimidos e impulsos primitivos; a los que no podemos acceder voluntariamente. Este cuerpo oculto de nuestro ser, es el responsable de bloqueos, miedos, sueños, actos fallidos y de comportamientos involuntarios movidos por nuestros juicios morales que co-accionan nuestra posibilidad de ser

---

2 Entendemos por Autopoiesis la peculiaridad de ciertos sistemas homeostáticas, donde la variable fundamental que mantienen constante es su propia organización. Gracias a la organización autopoiética los seres vivos se pueden definir como aquellos cuyas característica es que se producen a sí mismos (Maturana y Varela, 1984:28).

(Bruno,1997). Desde esta esfera provienen los impulsos y pasiones, que luego racionalizamos; es allí que emanan los actos involuntarios, las somatizaciones, todas nuestras represiones y manifestaciones "neuróticas" y que controlan nuestro ser. Esta identidad nos desafía a ser completamente conscientes y autónomos.

SOMOS SERES CULTURALES: (*Manas superior* por los vedas, *Adech* por Paracelso, o *Alma* en el cristianismo). Es el saber popular, el saber en construcción, el contexto, lo simbólico, el cómo hacer en lo cotidiano, nuestra historia, el imaginario colectivo. Se acerca a la idea de *inconsciente colectivo* de Jung que postula un conjunto de contenidos psíquicos comunes a la humanidad en general, heredado o adquirido por experiencia colectiva, que trasciende las diferentes culturas y crea analogías simbólicas entre estas. (Currás & Dosil, 2001)

SOMOS SERES MÁGICOS: (*Cuerpo Búdhico* por los Indostanes, *Aluech* por Paracelso, *Consciencia* por el cristianismo y *Alma Divina* de la teosofía.) Lo extrasensorial, lo que nos conecta con el cosmos, es la intuición, es lo mítico, la leyenda, los cuentos de hadas y la sabiduría que vamos ganando con la madurez, con los cuales nos hacemos seres simbolizadores que no simbólicos (Cassirer, citado por (Holzapfel, 2005).

SOMOS SERES INMANENTES-TRASCENDENTES: (*Atman* de los vedas, *Intimo* de Paracelso, *Padre* del cristianismo, o *Mónada* por la teosofía). Es el camino desde el aquí y el ahora a la proyección, es el desde-dónde (Weischedel) y hacia-dónde, los presentes históricos-presentes-futuros, los horizontes, las luces que orientan el camino, el dar de sí, la creación, la espiritualidad. Es el camino del Tao; el sentido y el sin-sentido de la vida (Holzapfel, 2005).

Corporeidad, energía y trascendencia

En el momento en que damos un abrazo o resolvemos una ecuación, nuestra corporeidad actúa como unidad. Si en toda acción[3] están presentes todos y cada uno de los siete cuerpos;

---

3 Entendemos la acción, siguiendo la filosofía de Arthur Blondel, como la interrelación entre pensamiento, intención-inquietud, energía, emoción,

aunque abrazar sea aparentemente un acto de "físico", o el álgebra un acto "mental", ¿cómo evidenciar su múltiple actuar?; es más, ¿es necesario ese análisis, esa diferenciación "objetual"?, ¿no estaremos cayendo en lo mismo de lo que queremos trascender?, ¿se puede "comprender" sin tratar de querer entenderlo todo?; ¿podemos integrar el conocimiento de la "ciencia occidental moderna-analítica" con el conocimiento de la "ciencia oriental tradicional-holística"?, ¿se puede explicar-describir lo que hacemos-sentimos-pensamos-deseamos-simbolizamos-intuimos-trascendemos, es decir, lo que somos?. ¿Basta el lenguaje verbal ante tal complejidad?

¿Cómo comprender realmente cuando encarnamos?, ¿podemos salirnos de las letras, para entrar en nuestro interior y de ahí regresar a las letras? Es como un bucle de afuera (ambiente) a adentro (self: sí mismo) y del sí-mismo de nuevo a afuera. Entre lo exotérico y lo esotérico, entre ciencia e inmanencia. Es el eterno retorno. Un diálogo permanente para llegar a la tranquilidad de la ambigüedad bipolar del Tao (Yin-Yang); donde incertidumbre y realidades opuestas conviven sosegadamente, y reconocen que la sabiduría en el fluir (Csikszentmihalyi, 1990). ¿Por qué resulta difícil comprender algo tan simple?, ¿por qué tantos textos —este mismo- tratando de explicar lo inexplicable? Comprender -aprehender plenamente-, requiere que hayamos vivenciado en nuestra "piel", en nuestra corporeidad que es única y múltiple. Necesitamos aprender el lenguaje corpóreo (Bohórquez, 2004).

El saber corpóreo implica aprender con otros en contexto. Atrapados en lo cotidiano no percibimos nuestra realidad compleja, ciegos a ella colocamos la racionalidad como elemento básico de la comunicación. Razonando, competimos, nos aislamos y actuamos desde el miedo de fluir en la convivencia, sin conversar nos perdemos (Maturana, 1990). Cuando es la emoción, particularmente el Amor, la guía de nuestro devenir. Al fluir amorosamente con los otros entramos en comunión: dialogamos. Dialogar es amar lo diverso y

---

consciencia. La acción, por lo tanto, no es la "ejecución" sino todo aquello que iniciándose en la sensación, lleva a la ejecución (Ferrater Mora, 1958).

diferente en armonía con los ritmos naturales. Los dia-logos nos hacen vibrar al unísono y sentirnos en presencia de "almas gemelas", surgiendo la plenitud de la vida. Pero por efecto de la "estupidez" humana dejamos dominar la razón y nos distanciamos (Aprile, 2002; Marina, 2004). Así, enfermar no sólo es padecimiento orgánico, también es incomunicarnos, dejarnos arrastrar por pasiones, someternos a ideologías dogmáticas. Enfermar es fragmentarnos, depender de las manifestaciones parciales de nuestro ser.

La corporeidad se expresa en la conexión palpable con todo lo que nos rodea. Palpitar en armonía con el universo. Nuestros sentidos han de abrirse a la sensación, dejar que la emoción nos transmita percepciones que la memoria histórica convierte en sentimientos y con sentimientos saludables de fondo: calma, optimismo, confianza, alegría, bondad, amor; trascendentes, que Damásio describe en el acto de emocionarnos:

[Hay] *tres etapas en el camino de la emoción: un estado de emoción (que puede ser desencadenado y ejecutado inconscientemente); un estado de sentimiento, (que puede ser representado inconscientemente) y un estado de sentimiento vuelto consciente, que es conocido por el organismo que está teniendo emoción y sentimiento* (Damásio, 2000:57).

¿Cómo se da este salto curativo que nos sana y nos unifica?: dejando "hablar" a nuestro ser íntegro, permitiéndonos fluir en la emoción del sentir, soltando amarras de nuestra racionalidad, riendo y llorando, acariciando y golpeando, pintando y escribiendo, escuchando el silencio: *aprendiendo a amar y a recibir amor.* (Csikszentmihalyi, 1990). Cuando nos hacemos sensibles a nuestras vivencias fluye una nueva energía que nos hace conscientes de nosotros y nos liberaba: nos sentimos diferentes, renovados. El proceso de *curación* implica hacernos conscientes de nuestro ser, de nuestra intimidad, arribar a nuestros miedos y bloqueos, desentrañar aquello que nos impide respirar y comprender el lenguaje de la vida. Curamos cuando seguimos un proceso de encuentro con nuestro ser-total, re-encontrando nuestra corporeidad (Bohórquez y Jaramillo, 2005).

Colofón: y todo esto ¿para qué?

En Colombia, en general en Latinoamérica, todo ese proceso energético se ha venido acentuando y ha generado percepciones diversas. ¿Por qué?: ¡Porque somos pasión!; somos *energía*. Todos los humanos lo somos. ¡Es evidente! Latinoamérica aún vibra y siente. En Colombia sentimos esta vibración fuerte, aunque está cada vez más acorralada por la estupidez que nos impulsa a desintegrarnos. Pero cuando viajamos por las sinuosas carreteras, cuando nos adentramos en sus trochas, mares y ríos, ¡se percibe tan claramente! Un día, viajando por estos bellos paisajes, surgió una percepción: América mestiza necesita aprender a *sorprenderse* de sí mismo y a *maravillarse* de su esplendor. Necesitamos aprender a aprender de nuestra *energía* fluyendo en plenitud, para poder recordar al mundo cuál es el camino *trascendente* de la humanidad. El camino son sus curvas, subidas y bajadas, son llanos y picos, que ha de ser paseados, nadados, danzados, cantados, dibujados, acariciado, besado en la calma y con la fuerza de su propio amor. Ese *Amor* que es la energía trascendente, integra nuestra corporeidad, nos une y nos da sentido.

Referencias bibliográficas

Alvino, G. (1996). *The Human Energy Field in Relation to Science, Consciousness, and Health* Documento electrónico consultado el 23-03-06 en los sitios Web: http://www.vxm.com/21R.54.html y http://www.vxm.com/21R.43.html.

Aprile, P. (2002). *Elogio del imbécil* (3ª ed. Vol. 1). Madrid: Temas de Hoy.

Barlett, S. (1995). *El aura y su interpretación*. Barcelona: Mens Sana Editores.

Berman, M. (1987). *El reencantamiento del mundo*. (Trad. De Sally Bendersky y Francisco Huneeus, de The reenchantment of the world, Cornell University Press, Itaca, 1981). Santiago de Chile, 7a edición, 2001: Cuatro Vientos.

Bohórquez, F, Córdoba C. I., Hormiga M, Molano N, J., Pazos, C. I., Rodríguez G. H, Torrez V. (2005) *Salud y educación un desafío humanizador.* Universidad del Cauca. Popayán.

Bohórquez, F. y Jaramillo, L.G. (2005) *El diálogo como encuentro: aproximaciones a la relación profesional de la salud-paciente.* Index de Enfermería. (España) año XIV, No. 50: 38-42.

Breennan, B. (1990). *Manos que curan.* Traducción de Hands of ligh, por Diorki, S.A., publicado por Bantam Books, 1987. primera reimpresión, Bogotá, 1993: Ediciones Martinez Roca.

Bruno, F. J. (1997). *Diccionario de términos psicológicos fundamentales.* Barcelona: Paidós Studio.

Cairós, Victor (1977) *Los siete chakras y la conducta.* Documento electrónico con acceso 27 de abril de 2002 en http//feibert.com/feibert/Articulo/Chakras/chakras1.htm

Capra, F. (1982). *O Tao da Física* (J. F. Dias, Trans. 1ª ed. Vol. 1). São Paulo: Cultrix.

Csikszentmihalyi, M. (1990). *Fluir. Una psicología de la felicidad.* (N. López, Trans. 1 edición, Mayo 1997 ed.). Barcelona: Kariós, 1996.

Currás, C., & Dosil, A. (2001). *Diccionario de Psicoloxía e Educación* (1ª ed.). Santiago: Xunta de Galicia.

Damásio, A. (2000). *O mistério da consciência* (L. Teixeira, Trans. 1ª ed. Vol. 1). Brasil: Companhía das Letras.

Farhi, D. (1998) El gran libro de la respiración. Intermedio editores – Robin Book. Bogotá.

Ferrater Mora, J. (1958). Diccionario de Filosofía. In. Salamanca: Salamanca.

Goleman, D. (1997). *Emoçoes que curam. Conversas com o Dalai Lama sobre mente alerta, emoçoes e saúde* (C. G. Duarte, Trans. 1ª ed. Vol. 1). Río de Janeiro: Rocco.

Holzapfel, C. (2005). *A la búsqueda del sentido* (1ª ed.). Santiago de Chile: Sudamericana.

Hunt, Valerie (1989) *Infinite mind: Science of human vibrations of consciousness.* Malibu. Malibu publishing company.

Iyengar, B. K. S. (2001). *El árbol del yoga (The Tree of Yoga)* *[1988]*, Barcelona: Kairós

Kolyniak, C. (2005). Propuesta para un glosario inicial para la ciencia de la motricidad humana. En: Trigo,. Hurtado y Jaramillo (Eds.) *Consentido* (29-38). Popayán-Colombia.

Kon-traste, & Trigo, E. (1999). Creatividad, motricidad y formación de colaboradores. Una experiencia de investigación colaborativa. *Apunts, N° 56*, 113.

Kon-traste, & Trigo, E. y. c. (1999). *Creatividad y Motricidad* (Vol. 1). Barcelona: Inde.

Le Breton, D. (2002). *La sociología del cuerpo* (P. Mahler, Trans. 1ª ed. Vol. 1). Buenos Aires: Ediciones Nueva Visión.

Marina, J. A. (2004). *La inteligencia fracasada* (1ª ed. Vol. 1). Barcelona: Anagrama.

Maturana, H. Y Varela, F. (1984) El árbol del conocimiento. Editorial Universitaria. Santiago de Chile, decimoséptima edición, 2005.

Merlau-Ponty, M. (1945). *Fenomenología de la percepción*. (T. d. J. Cabanes., Trans. Quinta edición 2000. ed.). Barcelona: Ediciones Península.

Morín, Edgar (1990): *Introducción al Pensamiento Complejo*. Barcelona: Gedisa.

Moss, T. (1979). *The Body Electric* (Ph.D. J.P.Tarcher, Inc. Los Angeles.

Motoyama, Hiroshi, (1981) *The Functional Relationship Between Yoga Asanas And Acupuncture Meridians*, a paper from Healing in Our Times, Quest, Nov. 6, 1981.

Pierrakos, J. (1973) *Core Energetics, Developing the Capacity to Love and Heal*, LifeRhythm, Mendocino, California.

Reid, D. (1989). *El tao de la salud, el sexo y la larga vida*. (J. Mustieles, Trans. Primera ed.): Ediciones Urano.

Ribeiro, A. (2003). *O corpo que somos. Apariência, sensualidade, comunicação* (1ª ed. Vol. 1). Lisboa: Notícias.

Savva, Savely (2000) *Alternative biophysics: investing in the study of the biofield*. Monterey Institute for the Study of Altenative Healing Arts (MISAHA) *MISAHA Newsletter*, Monterey, CA,

Feb. 24, 2000 Issue #24 - #27. Documento electrónico: http://www.geocities.com/misaha93923/alternative.html, consultado el 24-03-06.

Sinor (2005) Página WEB del Siberian Branch of Russian Academy of Medical Sciences in Novosibirsk city. http://www.sinor.ru/~che/index(en).htm, consultada el 28-03-06

Wilheml, R. (1989). *El libro de las mutaciones* (D.J.Vogelmann., Trans. primera edición ed.). Bogotá: Editorial solar.

Wilber, K. (1983). *Los tres ojos del conocimiento* (D. G. Raga, Trans. Cuarta edición, Enero de 2003 (Primera Noviembre de 1991) ed. Barcelona: Kairós, S.A.

Yan, Xin; Lin, Hui; Li, Hongmei; Traynor-Kaplan, Alexis; Xia, Zhen-Qin; Lu, Feng; Fang, Yi; and Dao, Ming; "Structure and Property Changes in Certain Materials Influenced by the External Qi of Qigong", Material Research Innovations, 2 349-359 (1999).

Zimmerman J., (1985) New technologies detect effects of healing hands', *Brain/Mind Bulletin*, Vol 10, No 16 September 30, 1985.

Zubiri, X. (1986). *Sobre el hombre* (1ª ed. Vol. 1). Madrid: Alianza / Fundación Xavier Zubiri.

HACIA UNA DE-CONSTRUCCIÓN DEL CONCEPTO DE CIENCIA

Ciencia, Conocimiento, Saber, Cultura, Cuerpo, Cerebro, Mente[*]

_____

[*] Artículo publicado originalmente por Eugenia Trigo y Sergio Toro en Álvarez, L.E. y Arisizánal, M. (2006). *¿Recorre la civilización el mismo camino que el sol?* Colombia: Fondo Editorial Universidad del Cauca (13-34).

RESUMEN

Necesitamos...
Recuperar la idea de que más importante que el
conocimiento es asumir una postura de consciencia que convierta
la duda, el límite o el bloqueo en nuevas posibilidades...
...romper con un estereotipo de intelectuales limitado al manejo
de la acumulación universal de conocimientos;
atrapado en los cánones de una cientificidad
mutilada en su capacidad para dar cuenta del devenir de los
fenómenos.
(Zemelman, 2005)

HOY, porque el mundo se globalizó y por el avance sostenido de la tecnología, la ciencia también cambió. La tecnología, que si bien es producto de la ciencia tradicional, nos ha permitido conocer más del mundo, vislumbrar nuevos horizontes y ampliar el marco de saberes que como sujetos podemos conocer. **La gran revolución de la ciencia actual se da a partir de las posibilidades y condiciones del sujeto.**

Así, la CIENCIA inaugura una alianza en donde no hay más lugar para los dualismos, naturaleza-cultura; blanco-negro; hombre-mujer; señor-siervo; sabio-ignorante; porque toda la complejidad humana está presente en la sistematización del conocimiento, en la creación de los diversos saberes. En esta perspectiva, ciencia y saber son una misma cosa y la sabiduría su filosofía.

Igualmente, creemos en la CULTURA como un pacto entre el saber y la vida, donde el CONOCIMIENTO resulta de la interacción entre el ser y el entorno: somos logos encarnado, mente corpórea y creación histórica (pensar epistémico). En palabras de Edgar Morín, aspiramos a esa SAPIENCIA, que surge de la unidad entre sabiduría y ciencia; donde se transforma la información en conocimiento y el conocimiento en sabiduría. Y SABER es encontrar las razones y los caminos que permiten las rupturas y la dimensión trascendente de la realidad contextual (basado en Sérgio, 2005).

El mundo ha dado un nuevo giro. Nada o casi nada de lo que creíamos "verdad" definitiva, es ahora certeza. Entrando en el tercer milenio, hemos quedado al borde del abismo. Podemos viajar de un lado al otro del planeta, leer las más dispares interpretaciones o conversar con amigos lejanos; pero también, somos y nos reconocemos más frágiles ante los abruptos cambios climáticos y la inestabilidad de "extrañas" de la tierra; la naturaleza nos golpea ahora con toda su fuerza; la tierra está enferma porque nosotros la hemos explotado, maltratado y ofendido, y ya no resiste más; somos -dice Chopra- *un cáncer para Gaia.*

Nuestra sociedad atraviesa una profunda crisis. En todos los órdenes, personal, profesional, político, económico sufrimos, y comenzamos a hacernos nuevos tipos de preguntas. Ya no nos sirven las respuestas "ciertas", las respuestas únicas de los textos, ni consultar nuevos gurúes. ¿Qué ha sucedido?, ¿qué es lo que nos tiene tan confundidos?, ¿por qué somos incapaces de comprender otros lenguajes diferentes a los de la razón? Asistimos a la desaparición de lo "normal[1]", hemos nacido en la era del desastre, lo inestable, el no-saber y la duda, ¿cuándo comenzó?

Ciencia y no-ciencia se unen ahora, nuestros conocimientos fraccionados han sido ignorancia y arrogancia; nuestro saber es un no-saber; por ello, necesitamos de otros espacios de saber, de un nuevo conocer donde cultura y educación; cuerpo, mente y espíritu; cerebro y organismo; pensamiento, historia y contexto

---

1 Lo "normal" es lo instituido, lo que nos viene dado en el acervo cultural y tradiciones de un pueblo. Era el "mundo-dado" que nos permitía la "seguridad" y nos robaba la autonomía. Hoy día se nos exige que seamos autónomos y busquemos el sentido, eh ahí el gran desafío.

se funden y nos dotan de sentido vital. ¿Para qué sirve mantener arcaicas categorías de análisis a priori?, ¿podemos comprender con ellas nuestra actual realidad histórica? Es más, ¿qué entender por realidad?, ¿la global, la local, la del sujeto? ¿Nos atreveremos a hacernos otras preguntas y a no conformarnos con respuestas inmediatas?

Este nuevo milenio nos exige "re-pensar". Pero no es un pensar teórico, sino un pensar epistémico, como lo plantea Zemelman (2005). Y nos preguntamos, ¿cómo aprender a pensar epistémicamente, si solo tenemos estrategias de pensar teórico?, ¿qué debemos modificar en nuestro ser epistémico para abordar la complejidad del mundo planetario de hoy?, ¿cómo re-contextualizar el conocimiento "científico" que América Latina necesita en su hacer epistémico?

Hemos de partir de algunos supuestos, simples, para sobre ellos poder edificar nuevos constructos:

a.   Somos seres constructores de futuro.

b.   Somos seres histórico-contextuales, no a-históricos.

c.   Si la historia es una construcción humana, yo soy responsable de esa misma construcción. Por lo tanto no soy a-política. De manera que el conocimiento que construyo no es a-político, ni a-ideológico.

d.   Si esto es así, toda la construcción histórica de la humanidad ha sido una construcción política y hemos recibido la "información" filtrada por los medios (políticos, religiosos, académicos, etc.) que interesaban en cada momento histórico. el hombre está sometido al sistema de turno, esclavista, feudalista, socialista, capitalista y de acuerdo a esto es lo que recibe en el sistema educativo. ¿Cómo entonces salir de este círculo de poder?

e.   Hemos de atrevernos a DE-CONSTRUIR la historia, el conocimiento, los propios conceptos bajo los cuales hemos sido "educados". Tarea compleja, porque en poco que nos despistemos, caeremos de nuevo en la trampa de la razón, en la trampa cartesiana impuesta a golpe de martillo en cada una de nuestras células de organismos occidentales. Sin embargo, creemos que es la única esperanza que nos queda, si queremos encontrar alguna salida a este camino oscuro en que la historia contada nos ha llevado. Atrevernos a pensar sin categorías predefinidas es un riesgo, pero al mismo tiempo una posibilidad.

f.   Vamos, por tanto, a de-construir, a ir atrás en la historia, para ver si encontramos alguna veta que la propia historia nos haya querido ocultar y quizá, de esta manera, podamos reanudar el camino, desde una nueva perspectiva, una nueva ilusión, una esperanza, una utopía. No será fácil, pero pensamos que es la única vía que nos queda. Analicémosla.

Ciencia y Cosmovisión

Ahora, partiendo de un juego de imágenes, desentrañemos el paso que ha dado la humanidad desde cosmovisiones originarias hasta las visiones de ciencia que tenemos como culturas diferentes. Para facilitar esta de-construcción, hemos sintetizado la historia de la humanidad en tres grandes "pueblos": el oriental, el occidental, el amerindio. A sabiendas que es una reducción, porque cada uno de estos grandes pueblos, está constituido por un sin fin de pueblos en multiplicidad de formas de vida; pero creemos que comprender sus polaridades nos puede ayudar a salir del gran dualismo actual: el mundo está económica y políticamente en manos de occidente y esta primera aproximación nos permitirá dar pasos para ir más allá de esta visión céntrico-occidental a la cual hemos sido sometidos y acostumbrados.

En la tabla 2.1, presentamos la diferencia genérica entre las cosmovisiones amerindias, negra y occidental, que ilustra la figura 1. Recordemos que antes de la colonización de estos pueblos (1492) existía vida y grandes civilizaciones en nuestro hermoso continente suramericano. Allí florecieron muchas culturas, y prosperaron muchas generaciones, se creaba conocimiento y había una inmensa riqueza, pero no la del mítico "dorado", que si no hubiera sido así, los colonizadores no hubieran encontrado lo que tanto les impactó y luego "robaron" y "civilizaron" para bien propio. Por tanto, veamos de dónde se partía:

Tabla 2.1.: cosmovisiones amerindia versus occidental (Botero Uribe, 2000)

CULTURA INDÍGENA	CULTURA NEGRA	CULTURA OCCIDENTAL
Sentido comunitario, sensualidad, barroquismo abstracto en las decoraciones, el respeto hierático a la naturaleza, la carencia de la ratio occidental, el antiindividualismo, la preferencia por el goce sencillo, naturalista de la vida; la tendencia a evadirse de la realidad a través de distintos medios.	Ritmo, danza, cultivo del cuerpo como herencia, rechazo visceral de las religiones metafísicas, el panteísmo, una sensualidad desbordante, la carencia de la ratio occidental, una fuerte tendencia a los actos ceremoniales y a las creencias míticas.	Enorme productividad técnica, el sentido de la hiperactividad, el individualismo, la carencia de solidaridad, la abstracción de la ratio respecto de la vida concreta de los individuos, el sentido práctico, la adoración del dinero y de la acumulación de la riqueza, el dominio de la naturaleza, explotación del hombre por el hombre

Ahora demos un salto de 500 años, ¿qué son 500 años en la historia de la humanidad? ¿Con qué nos encontramos?, ¿cuáles son las actuales "tensiones" entre el "hemisferio norte y el sur" .

Figura 2.1.: mapamundi "normal" (izquierda) e "invertido" (derecha)

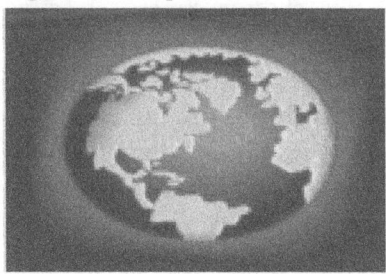

Lo primero es aclarar que esta clasificación clásica: norte-sur, puede resultar contradictoria e inconsecuente con lo planteado hasta aquí, toda vez que se intenta superar un dualismo con otro dualismo. Sería pertinente expresar un desarrollo cultural distinto desde una mirada diferente, pues no es todo el norte el que se puede ubicar dentro de un pensamiento y cultura con las características mencionadas más arriba, por ejemplo si consideramos la línea del ecuador como el límite entre el sur y el norte, Colombia junto a países de América central, países africanos y asiáticos quedarían dentro de esta clasificación.

Por otra parte si vemos hacia el sur, Australia sería un continente "del norte". La propuesta es hacer una clasificación más bien centralizada en las formas de *acoplamiento cultural*. Podemos distinguir, por lo tanto, países jóvenes tropicales y subtropicales, de desarrollo social más que tecnológico, con fuerte o marcada presencia originaria, mestizaje e historia de conquista y colonización, con culturas desconocidas y que han recurrido a diversas estrategias para su transmisión cultural como el sincretismo religioso y otros fenómenos culturales.

¿Qué está pasando en el mundo?, ¿por qué nuestro hemisferio suramericano "rico" se ha convertido en el "pobre"?, ¿por qué el que vino a colonizar, que era pobre, se convirtió en el rico?, ¿qué ha sucedido desde entonces? Pues que el "mundo de la razón" dominó al "mundo de la no-razón". Los pueblos que vivían en mayor armonía con la naturaleza, que no eran diferentes a ningún otro ser vivo, "perdieron" ante los que venían armados de ansias de poder y riquezas. Se produjo un "choque", un verdadero exterminio de nuestras culturas, del que aún, no nos hemos recuperado. Ese choque generó el actual mestizaje en el que tratamos de sobrevivir. Pero para sobrevivir hemos de reconocernos e historiarnos. Resguardadas bajo el sol del oriente, durante muchos siglos crecieron otras culturas en el Asia, un conjunto de culturas, que ahora denominamos "orientales" y que guardaban una cosmovisión diametralmente opuesta a la occidental. Estos son algunos de sus rasgos más sobresalientes:

Tabla 2.2.: rasgos de las culturas "orientales"

Posen un sentido de la naturaleza basado en la totalidad y por tanto evitan causar daño a las criaturas (el *a-himsa* o no-violencia como virtud moral suprema).

La visión oriental del mundo es "orgánica". Todas las cosas y todos los hechos percibidos por los sentidos están interrelacionados, constituyendo aspectos o manifestaciones diversas de la misma realidad una y última.

Ante la visión separatista del mundo, que percibe al individuo y la naturaleza escindidos y   fragmentados en partes aisladas, los orientales muestran que ésta ilusión –*maya*- *es* ignorancia, un velo elaborado por los sentidos y la mente perturbada que mide, divide y categoriza.

El objetivo más elevado hindúes, budistas y taoístas- es volverse consciente de esa unidad y de la interrelación mutua de todas las cosas, trascender la noción del ego individual e identificarse con la realidad fundamental. Alcanzar esa consciencia –"iluminación"- no es intelectual, es espiritual.

El universo es intrínseca y extrínsecamente dinámico, contiene ser, tiempo, espacio y cambio simultáneamente. El cosmos es uno inseparable, eterno, vivo, espiritual y material.

Las fuerzas generadoras del movimiento no son externas (visión griega), sino intrínsecas a la materia. Lo Divino, no es una imágen que dirige el mundo, sino el principio de control interno al ser.

La realidad última –Tao, Brahman, Krishna- no puede ser descrita con palabras, pues se sitúa más allá de los sentidos y del intelecto, que deben ser trascendidos para alcanzar la unidad.

El conocimiento absoluto es, pues, una experiencia de la realidad total, una experiencia nacida de un estado de consciencia no usual que se denomina "de meditación" o estado místico.[2]

Y Fernando de Sousa nos ubica en la tensión de cosmovisiones Occidental-Oriental (Tabla 2.3).

Coloquémonos más en la actualidad. ¿Qué podemos decir nosotros, sujetos epistémicos, de esta misma realidad?, ¿cómo la estamos viviendo?, ¿cuáles son nuestras apreciaciones? Un compañero colombiano, Harvey Montoya, que lleva un año

---

2 En palabras de William James: *Nuestra consciencia normal del estado de vigilia –la consciencia racional, como la denominamos- constituye sólo un tipo especial de consciencia, al paso que, a su alrededor, y apartada de ella por una película extremadamente tenue, se encuentran formas potenciales de consciencia enteramente diversas.*

viviendo en Europa con motivo de su año sabático, nos regala estos datos:

Tabla 2.3.: comparación occidente *versus* oriente
(Fernando Sousa)

OCCIDENTE	ORIENTE
Pensamiento lógico	Pensamiento intuitivo
Tradición judeo-cristiana	Tradición hindú-budista
Explicación y categorización	Compartir
Elocuencia	Silencio
Percepción	Sensación
Logos	Intuición
Búsqueda exterior	Búsqueda interior
Búsqueda del patrón	Búsqueda de la mudanza
Explicación	Constatación
Método	Experiencia
Basado en el pasado	Basado en la continuidad
Equilibrio	Desequilibrio
Desconfianza en la mente	Inevitabilidad de la mente

Choque cultural, cambio completamente de modos de vida, de comportamientos, mejor y mayor calidad de vida. Se ve el adelanto entre los países modernizados, vida laboral, un mar de construcciones por doquier, caminos asfaltados, grandes vías, la vida se alterna entre trabajo, descanso, compromiso, un día, una semana, una vida, la gente con cierta comodidad trabaja para tener un coche, las vacaciones programadas y costosas; el pobre y necesitado trabaja para pagar el alquiler o mandar dinero a sus familias. El dinero no alcanza, la relación intrafamiliar está limitada, el rol de padre, de madre, se relega al aporte económico para la familia; el rol de hijo, quien recibe la comodidad y el aporte de lo necesario para la casa, le falta afecto materno y paterno, la satisfacción de padres con los hijos es cumplirles, darles lo necesario económicamente hablando, la comunicación entre los unos y los otros es en tono fuerte, se hace a gritos, se pierde el respeto por la pareja, por los hijos y los padres. Los unos llegan cansados a recuperar fuerzas para el otro día y los otros carentes de afecto, se sumergen en el espacio cibernético, en el cigarrillo, la droga y el alcohol, son hijos con modelos de relaciones familiares agresivas y con esos ejemplos iguales o mayores son sus comportamientos.

A nivel socio cultural, se ve en las calles personas que esquivan a toda costa un roce, una mirada, un saludo del desconocido, se avanza a prisa, se hace lo que se tiene que hacer y ya, la gente habla a gritos y en tono desafiante, no se aceptan un reclamo con caballerosidad, se producen enfrentamientos verbales por cosas mínimas y superfluas, se desconfía del desconocido y con mayor razón si es inmigrante, es el estrés de una población atosigada por la presión de la sociedad en la cual se debe rendir y no hay espacio para sí mismo.

En muchos países de América Latina, se observa una vida más tranquila, menores construcciones, más viviendas unifamiliares, menos edificios multifamiliares, los medios de transporte más rudimentarios, vías de comunicación en mal estado, mucho automóvil viejo y pocos nuevos, trasporte público deficiente, baja calidad de vida, auge de la economía casera, la del rebusque, la microempresa, bajos salarios, pobreza, el dinero no alcanza para subsistir (no para vacaciones y otras cosas secundarias), se ve, se percibe, se siente el hambre, la miseria, la necesidad, el indigente pidiendo limosna, muchas personas sin un trabajo y con obligaciones familiares que los llevan a la desesperación y en muchas ocasiones... al robo, el rico cada vez se hace más rico y el pobre más pobre, la clase media tiende a desaparecer.

A nivel socio cultural, se tiene más tiempo fuera del trabajo, para departir, con los amigos, hay calor humano, mayor compromiso familiar, los padres tienen un papel más protagónico y mayor protección para con sus hijos, se tiene tiempo para atender a los ancianos en casa, se ve el grupo de amigos cotidianos tomándose un tinto o una cerveza, jugando billar o naipe, se ve la sonrisa cómplice de alguna triquiñuela o el rostro adusto y solidario de un problema compartido, se sobrevive, se lucha el día a día, se busca hoy la manera de salir adelante porque para qué pensar en el mañana, si aún no se supera las dificultades presentes.

Estos son las percepciones que hemos conseguido entresacar de múltiples lecturas y observaciones vividas en nuestra piel. ¿Qué viene ahora?, ¿seguimos midiendo, contando, describiendo cómo nos enseñó la "ciencia" occidental? Creemos que no. Vamos a tratar de estudiar de dónde proviene el hecho que la diferencia, la heterogeneidad, se haya convertido en una dominación de unos pocos (occidente) hacia unos muchos (oriente y amerindia) y cómo ahora, en este inicio de milenio, se están encontrando para en el diálogo de saberes y culturas, podamos continuar la vida planetaria de la que todos somos hermanos. A menos que pretendamos, continuar el camino de la ruina que Occidente ha impuesto por su manera destructora de "construir" conocimiento. Quizá, sea ahora, el momento de detenernos, mirarnos a los ojos, darnos las manos, **escuchar y aprender CON EL OTRO**. ¿Será eso posible?, ¿será eso lo que el planeta está esperando de la especie humana?, ¿tenemos alguna otra oportunidad? Porque creemos que sí, es porque nosotros continuamos este vía crucis, esta de-construcción de lo que queremos que sea conocimiento, ciencia, y no solamente lo que unos pocos nos quisieron contar que eran estas categorías humanas. Sigamos, entonces, con otros datos de nuestra historia.

Del conocimiento a la verdad (basado en Morín, 1998)

El gran descubrimiento de este siglo es que la ciencia NO es el reino de la certeza – aunque está claro que se fundamenta sobre una serie de certezas, situadas localmente e espacialmente. La ciencia clásica se construyó sobre los tres pilares de certeza: orden, separabilidad y lógica.

El *orden* del universo, planteados por Descartes o Newton, era el producto de la perfección divina. Laplace, rechaza la hipótesis de Dios: el orden funciona sólo, se "autoconsolida". Esta idea de determinismo absoluto fue también objeto de una creencia religiosa entre los científicos, que olvidaron que es imposible demostrar algo se mueva por sí mismo.

La *separabilidad* proviene de Aristóteles que era biólogo y quería estudiar el mundo colocándolo en cajas separadas. Una definición de conocer es separar y va de la mano con medir, que es comparar mediante instrumentos, el aporte de Galileo. Las disciplinas científicas se desarrollaron sobre la idea de separación (taxonomía) y control (experimentación) de la realidad, hasta llegar a separar ciencia y filosofía y de manera más amplia ciencia y cultura. Esta separación de las ciencias incluyó la distancia entre observador y objeto observado, entre el humano y el fenómeno, su objeto de conocimiento; conocer tenía el valor de certeza absoluta. El conocimiento científico es objetivo, rechaza la subjetividad, es decir, elimina el sujeto, quien perturba la certeza.

La *lógica*, se centra en probar la validez de los argumentos racionales; basados en la deducción y la inducción, también la fundó Aristóteles con sus principios de identidad, no-contradicción y exclusión del tercero, que permitían eliminar cualquier confusión, equívoco o contradicción. La deducción permitía llegar a concluir la verdad a partir de razonar sobre varias premisas. La inducción, basada en un número importante y variado de observaciones, permitía la evidencia, generalizar a partir de probabilidades.

El determinismo –lo que escapa al azar - entró en crisis, cuando la termodinámica mostró que el universo surgió del "desorden", un fenómeno térmico inicial, que luego de la gran explosión, produjo enorme agitación. El desorden se revela en los niveles históricos, las vivencias humanas no son predecibles, transitan por crisis e irregularidades (el "barullo y furor" de Shakespeare). Esto no quiere decir que el desorden tomó el lugar del orden; tal universo sería insensato, imposible, como aquel en dónde reinase un orden puro. En donde existe el orden puro, no existe creación, no hay novedades posibles. Cuando solo existe el desorden puro, la agitación, lo aleatorio, el universo no puede simplemente existir. El principio de interacción fuerte va a ligar y formar núcleos; el principio de interacción electromagnética va empujar los electrones a situarse alrededor de los núcleos y, así, formar átomos; finalmente, el principio gravitacional actúa al nivel de la formación de las galaxias, de los astros. La física nos cambió la imagen de la realidad, primero la relatividad y ahora la cuántica, la están integrando, pero, ya lo planteaba el Tao (Capra, 1982).

La separabilidad también ha entrado en crisis gracias a la segunda transformación de las ciencias. La primera, ya descrita como revolución de la física, aconteció en la primera parte de este siglo, y destronó el orden. La segunda comienza en la segunda mitad del siglo, con las ciencias denominadas sistémicas, ciencias que consideran los sistemas; tal como los ecosistemas ecológicos espontáneos que nacen de las interacciones entre plantas, animales, el terreno geofísico, el clima. Todas estas interacciones producen un conjunto más o menos auto-regulado sometido a perturbaciones. La ecología llegó así, a partir de los años ochenta, a considerar, más allá de los ecosistemas, el sistema todavía más complejo, más o menos regulado, que es la biosfera. Ésta permite la introducción de los humanos y de su civilización técnica y la previsión, sin cualquier tipo de certeza, de los riesgos posibles de desregulación.

De la mística a la razón (basado en Capra, 1982)

La Física moderna nos lleva a una visión del mundo bastante similar a las visiones adoptadas por los místicos de todas las épocas y tradiciones. Las tradiciones místicas se encuentran presentes en todas las religiones, y elementos místicos pueden encontrarse en diversas escuelas de la filosofía occidental. Los paralelos con la Física moderna aparecen no sólo en los *Vedas* del Hinduismo, en el *I Ching* o en los *sufras* budistas, como igualmente, en los fragmentos de Heráclito, en el sufismo de Ibn Arabi o en las enseñanzas del mago yaqui Don Juan. La diferencia entre el misticismo oriental y occidental reside en el hecho de que las escuelas místicas siempre desempeñaron un papel marginal en Occidente; en el Oriente, al contrario, constituyen el carácter esencial de la filosofía y del pensamiento religioso orientales.

La Física nos conduce a un retorno a los orígenes de las filosofías místicas, cerca de 2.500 años atrás. Trazando un camino en espiral, a partir de las filosofías místicas de los antiguos griegos y, siguiendo adelante, nos conduce al impresionante desarrollo del pensamiento intelectual en su gradual y creciente alejamiento de sus orígenes místicos, hasta llegar al desarrollo de la visión reduccionista "moderna". En sus etapas más recientes, la ciencia occidental finalmente pasa a superar esa visión del mundo, retomando aquellas de los antiguos griegos y de las filosofías orientales. Este retorno, con todo, no se basa solamente en la intuición, sino igualmente, en experimentos de gran precisión, sofisticación, rigorismo y consistente formalismo matemático.

La filosofía griega del siglo VI a.c., era una cultura dónde ciencia, filosofía y religión no se diferenciaban. Los sabios de la escuela de Mileto, buscaban descubrir en la naturaleza sus esencias o la constitución real de las cosas, que denominaban –*physis*. Física deriva de esa palabra y significaba, originalmente, la tentativa de ver la naturaleza esencial de todas las cosas. Los adeptos de esa escuela, los *hilozoístas*, creían que "la materia es vida". Ellos no veían distinción entre lo animado y lo inanimado, -entre el espíritu y la materia-. Ni siquiera poseían una palabra para designar la materia, todas las formas de existencia eran manifestaciones de la *Physis*, dotadas de vida y espiritualidad. Para Tales todas las cosas tenían dioses y para Anaximandro el universo era un organismo mantenido por el *pneuma*, la respiración cósmica, a semejanza del cuerpo humano mantenido por el aire. En el mismo sentido, para Heráclito el mundo, en su perpetuo cambio, era un "venir a ser".

La ciencia moderna impulsó el pensamiento a una formulación extrema del dualismo espíritu/materia. En el siglo XVII René Descartes planteó que la naturaleza derivaba de una división fundamental en dos reinos separados e independientes: el de la mente *(res cogitans) y el de la* materia *(res extensa)*. La división cartesiana permitió a los científicos tratar la materia como algo muerto y enteramente separado de sí mismos, viendo el mundo material como una vasta cantidad de objetos reunidos en una máquina de grandes proporciones. Isaac Newton elaboró su Mecánica basado en esta separación, el eje de la Física clásica. Desde entonces, hasta finales del XIX, el mecanicismo dominó el pensamiento científico. Ese modelo caminaba paralelamente con la imagen de un dios monárquico que, desde las alturas gobernaba el mundo, imponiéndole la ley divina. Las leyes fundamentales de la naturaleza, objeto de investigación científica, eran entonces encaradas como las leyes de Dios, es decir, invariables y eternas, a las cuales el mundo se encontraba sometido.

La filosofía de Descartes no se mostró importante solamente en términos de desarrollo de la Física clásica; ella ejerce, hasta hoy, una tremenda influencia sobre el modo de pensar occidental. La famosa frase *Cogito ergo sum* ("pienso, luego existo"), ha llevado al hombre occidental a igualar su identidad apenas a su mente, en vez de igualarla a todo su organismo. En consecuencia de la división cartesiana, muchos individuos tienen consciencia de sí mismos como *egos* aislados "dentro" de sus cuerpos. La mente fue separada del cuerpo, recibiendo la inútil tarea de controlarlo, causando así un conflicto aparente entre la voluntad consciente y los instintos involuntarios. Posteriormente, cada individuo, fue dividido en un gran número de órganos aislados de acuerdo con sus funciones y su mente en pensamiento, sentimientos, creencias, etc., todos enredados en conflictos interminables, generadores de confusión metafísica y frustración. Esa visión fragmentada está ampliada en la sociedad, que está dividida en naciones, razas, grupos políticos y religiosos. La creencia que todos esos fragmentos, son el origen de las crisis sociales, ecológicas y culturales. Nos ha alienado de la naturaleza y nuestros hermanos, generando una distribución injusta de todos los recursos y originando desorden económico, político y una creciente violencia insostenible.

Los chinos creían que la naturaleza y por ende, el ser humano están constituidos por cuatro elementos cardinales, el fuego, el metal, el agua y la tierra y uno central: la madera; elementos semejantes a los de los alquimistas occidentales: fuego, aire, tierra, agua y éter; como lo creyeron la mayoría de las civilizaciones arcaicas. Consideraban que cada uno de los cinco órganos principales del ser humano está especializado en resonar a la frecuencia vibratoria de uno de los elementos. La energía vital es transferida de unos órganos (o elementos) a otros en ciclos diarios y estacionales. Desde la física clásica, este fenómeno de paso de energía de unas partes a otras del cuerpo no podía explicarse debido a la característica dieléctrica —o aislante- de los tejidos de la piel. A causa de ello se ha calificado a estas técnicas como no científicas, con la desvalorización que esto supone en la sociedad en que vivimos. Lo que se ha creído es que es el sistema nervioso quien media estas respuestas, pero la ciencia niega la existencia de canales de energía que recorran nuestro organismo.

Sabemos que existen cuatro fuerzas fundamentales: la gravedad, la interacción fuerte, la interacción débil y la electromagnética. Probablemente la clave esté en una quinta fuerza: la información. En ella estaría la respuesta de por qué en determinados momentos predomina la interacción fuerte y el electrón queda sujeto al átomo, y en otros predomina el electromagnetismo y el electrón circula libre por los canales del cuerpo. En ella encontraríamos respuesta también a por qué colocando una aguja en un punto de la piel podemos traer salud al organismo. Esa aguja es una señal de circulación que modifica el recorrido de los electrones a lo largo de los canales del cuerpo. Los acupuntores conocen que cuanto más exacta sea la información que con las agujas entregan al organismo, mejores son los resultados.

Se especuló mucho con que la llegada de la física mecánico-relativista iba a cambiar la visión que tenemos del Universo y aún de la propia vida; y así ha sido en el campo de la física a través de la electrónica y los semiconductores. Sin embargo este cambio de paradigma aún no ha calado en la biología y la medicina universitarias. Aunque conocemos y aplicamos las propiedades cuánticas de la materia inerte, no hemos llegado a hacer lo mismo con los seres vivos. Y en esas propiedades pueden estar las claves de fenómenos tan importantes e inexplicados como los desarrollados por la psique humana. Del mismo modo que la física newtoniana está especializada en el plano material, la física cuántica lo está en el energético y es posible que ciencias como la psicología o la medicina adquieran mucha mayor precisión conforme el modelo cuántico del universo vayan aplicándose al estudio del hombre. La mayor parte de los secretos que aun encierra el ser humano se encuentran en su campo de energía, y la mecánica cuántica permite investigarlo desde el método científico. De hecho, podemos adelantar que aplicando fórmulas cuánticas a fotos de campos de energía humanos se están midiendo condiciones psicofísicas de las personas tales como el nivel de estrés, la capacidad resistencia al esfuerzo, la capacidad de concentración, el índice de salud o el nivel de vitalidad.

De la razón a la mente (basado en Núñez, 2001)

La concepción misma de la naturaleza del ser humano que había dominado la tradición filosófica estaba distorsionada. Había sido distorsionada no por insensatez o ceguera, sino por la presión de cuestiones filosóficas acerca de la esencia del yo, la naturaleza de la mente, la posibilidad del conocimiento de sí mismo, la relación entre mente y cuerpo y la posibilidad del conocimiento de otras mentes. En el esfuerzo por resolver estas cuestiones, fue como los cartesianos y empiristas enrevesaron sutil y progresivamente nuestros conceptos de persona, ser humano, mente, pensamiento, cuerpo, conducta, acción y voluntad hasta volverlos irreconocibles. Por lo tanto son estos rompecabezas los que deben ser resueltos o *disueltos* en primer lugar, antes de poder tener la esperanza de alcanzar un punto de vista humano correcto y concebirnos adecuadamente a nosotros mismos (Hacker, 1998).

La ciencia occidental ha desarrollado sus teorías a partir de un determinado tipo de lenguaje, el lenguaje nomológico, en el cual la estructura sujeto-predicado está muy ligada a una lógica de razonamiento, a todas luces dominante, como es la lógica del objeto y éste tiene que estar sometido a las exigencias de las lógicas ceñidas al principio de identidad o de determinación (Zemelman, 2005). Si queremos salirnos de esta "ciencia" hemos también de atrevernos a pensar con otros y diversos lenguajes que dejen paso a las otras posibilidades humanas del conocer. Nos referimos a los lenguajes metafóricos de las distintas gestualidades del humanes (lenguaje oral, escrito, plástico, escénico, etc.) pues creemos que serán ellos, los que nos posibiliten el acceso a otras maneras de comprender y construir mundos.

A mediados de los años setenta surgieron pensadores y científicos, que trabajando en áreas aparentemente desconectadas comenzaron a recopilar abundante evidencia empírica respaldando la idea de que la realidad mental humana no existe independientemente del cuerpo donde se realiza. Tal aseveración fue propuesta por los fenomenólogos primarios como Husserl, Merleau-Ponty, Marcel entre otros. Así, por ejemplo, los trabajos de los biólogos chilenos Humberto Maturana y Francisco Varela empezaban a desvelar la fundamental e íntima co-dependencia entre fenómenos vitales y cognición, entre los principios fundamentales de organización del ser vivo, sus posibilidades y la naturaleza del conocimiento, y en el caso de los humanos, entre biología y lenguaje. Su trabajo tendría repercusiones que irían mucho más allá de la neurofisiología, para influir la epistemología y la biología teórica.

Otro aporte significativo fue el de Berkely Rosch, quien estudiando la categorización, mecanismo que nos permite tratar entidades diferentes como si fueran equivalentes –echó por tierra la idea de que el universo está ya pre-dividido en categorías ordenadas, definidas por condiciones necesarias y suficientes, tales como: mamíferos, rocas, árboles, planetas. Mediante astutos experimentos demostró que los humanos operamos con categorías basadas en las capacidades de percepción globales y kinestésicas y que nos llevan a optimizar la interacción con el mundo: "todo lo dicho es dicho por alguien", por lo tanto, el proceso de conocer está dado por una recursividad del sujeto que conoce sobre el propio proceso de conocer. Von Foester define este proceso como Cibernética de segundo orden. El universo no está pre-categorizado, son creaciones humanas, que afectan a la visión ontológica del mundo. Las categorías, piedra angular de la actividad mental, son creadas por seres con cuerpos en su permanente interacción con el medio.

De igual importancia fue el trabajo de Walter Freeman, quien estudiando el bulbo olfatorio de conejos demostraba que la idea de representación mental y de procesamiento de información, tan apreciada por los paradigmas inspirados por la inteligencia artificial, no eran adecuados para estudiar la complejidad de las dinámicas neuronales observadas. Esas clásicas ideas imponían una visión de las cosas donde los estímulos preexisten al animal que percibe, y son independientes de éste. Freeman observó que el mundo olido por el conejo es "enactuado" por el animal según complejas interacciones entre animal y medio, las cuales pueden ser estudiadas mediante cuidadosos análisis de organización caótica. Así, las propiedades de "lo olido" no están presentes fuera del animal, preexistiendo estáticamente al exterior del animal, sino que emergen de su actividad biológica. Similares estudios se constatarían más tarde en la investigación de la percepción humana.

La integralidad mente-cuerpo ha sido aceptada en las últimas dos décadas. En psicofarmacología ya se sabe que muchas patologías "mentales", como la depresión, por ejemplo, no constituyen problemas "puramente" mentales, sino que tienen un componente metabólico importantísimo. Estudios de antropología contemporáneos, relatados por autores como Diamond o Blaffer, muestran de qué manera las sociedades y las culturas humanas han emergido y tomado forma a través de realidades animales tales como interacciones de sistemas inmunológicos, bancos genéticos, mecanismos de regulación sexual intraespecie, y condiciones de vida ambientales. Las investigaciones en neuropsicología, como las de Damásio, demuestran que la cognición y la reflexión "pura" no existen sin un componente afectivo esencial que se realiza gracias a la participación de centros cerebrales específicos, es más, podemos decir que los procesos de razonamiento son una virtualidad de los procesos emocionales y sentimentales. Similares conclusiones obtiene el primatólogo japonés Tetsuro Matsuzawa estudiando chimpancés en su medio natural y en cautiverio.

En breve, todos estos resultados apuntan al hecho de que mente y cuerpo no son dos entidades que simplemente se "relacionan", sino que en realidad son dimensiones de un mismo sistema que se codefinen en un todo integrado e indisoluble. Estos resultados tomados en su globalidad han dado origen al paradigma que en los medios académicos de habla inglesa se conoce como *embodied mind*, o mente corporizada, cuyo postulado o tesis central se puede expresar al decir que mente y cuerpo son sinónimos estructural y fenomenalmente hablando.

Propuesta: otra "ciencia" para América Latina

Después de habernos aventurado a comprender de dónde viene el concepto de ciencia acuñado en el mundo entero y explicar el por qué ha de ser de-construido para poder continuar la historia de la humanidad por otros derroteros, es el momento de otra aventura. La aventura de la creación. No hacerlo, sería traicionarnos a nosotros mismos al quedarnos en un mero análisis de la realidad, pero sin propuestas alternativas para ese camino de tropiezos y errores al que estamos desafiados como seres humanos en continuo cambio.

Por tanto nos atrevemos a preguntar, ¿qué queremos que sea ciencia para América Latina y Colombia en este tercer milenio? La pregunta es una invitación a pensar en otras posibilidades de construir conocimiento desde la subjetividad de los pueblos amerindios que somos y cuyas características quedaron expuestas más arriba.

Queremos que esta ciencia sea:

Un espacio de creación de conocimiento del sujeto epistémico amerindio, o mejor dicho indoamericano.

Un lugar de curiosidad y descubrimiento de las diversas posibilidades de SER.

Una manera de empoderarse de sí mismo y de sus múltiples contingencias de construir conocimiento, en dónde el error sea parte del descubrimiento y en donde el sujeto no quede limitado a la razón lógica.

Una realidad abierta a la historicidad y por tanto movible y cambiante en función de los propios acontecimientos históricos.

Una relación sujeto-mundo y no objeto-mundo.

Una ciencia encarnada, es decir vivida en la complejidad del ser humano corpóreo.

Una ciencia ecológicamente constructiva, en dónde se recupere la armonía del universo en el respeto, que estos pueblos manifestaron tener en su historia, por la Pacha Mama.

Una ciencia humana y no solamente económica y tecnológica que está centrada en el crecimiento como valor primero.

Una ciencia construida bajo la diversidad que habita en los pueblos de la tierra, en el pensamiento débil (flexible), en los "puede ser" y no en el "es". Hacer vida la conocida frase "lo que es, no puede ser".

Una ciencia crítica, ética, política, afectiva, en la que estén presentes los distintos lenguajes con los cuales los humanos nos comunicamos y no solo el lenguaje escrito-descriptivo de la lógica-deductiva.

Una ciencia que permita partir de la duda previa anterior al discurso, la incorporación del sujeto y cómo dar cuenta de la complejidad, formulándose la pregunta ¿cómo podemos colocarnos ante aquello que queremos conocer? (Zemelman, 2005).

Referencias Bibliográficas

Botero Uribe, D. (2000). *Manifiesto del pensamiento latinoamericano* (1ª ed.). Bogotá: Magisterio.

Capra, F. (1982). *O Tao da Física* (J. F. Dias, Trans. 1ª ed. Vol. 1). São Paulo: Cultrix.

Corvalán, M. E. (1999). *El pensamiento indígena en Europa* (1ª ed. Vol. 1). Colombia: Planeta.

Guadarrama, P. (2001). *Humanismo en el pensamiento latinoamericano* (1ª ed. Vol. 1). Colombia: Universidad Pedagógica y Tecnológica de Colombia.

Hacker, P. M. S. (1998). *Wittgenstein. La naturaleza humana* (R. M. Acuña, Trans. 1ª ed. Vol. 1). Bogotá: Grupo Editorial Norma.

Morín, E. y. o. (1998). *A Sociedade em busca de valores. Para fugir à alternativa entre o cepticismo e o dogmatismo* (L. M. Couceiro, Trans. 1ª ed. Vol. 1). Lisboa: Instituto Piaget.

Mosterín, J. (2001). *Ciencia viva. Reflexiones sobre la aventura intelectual de nuestro tiempo* (1ª ed. Vol. 1). Madrid: Espasa Calpe.

Núñez Errázuriz, R. (2001). Mente-cuerpo: una vieja falacia. *El Mercurio, domingo 21 octubre.*

Restrepo, L. C. (1989). *La trampa de la razón* (4ª 1998 ed. Vol. 1). Bogotá: Arango.

Sánchez, F. (2004). *Ciencia y medicina oriental.* http://www.kirlianyciencia/Union/documentos/energytransfer.htm

Zemelman, H. (2005). *La voluntad de conocer. El sujeto y su pensamiento en el paradigma crítico.* (1ª ed.). Madrid: Anthropos.

CIENCIA ENCARNADA*

* Artículo publicado originalmente en Trigo, Hurtado y Jaramillo (2005). *Consentido*. Colombia: Unicauca/En-acción 1 (39-53).

RESUMEN

Amor y Sentido
Una Hermenéutida Simbólica
Ortiz Osés

El cuadro de la figura, muestra el resumen de lo que hablaremos a continuación: Las palabras-conceptos-autores más significativos, alrededor de los constructos "ciencia moderna" y "ciencia encarnada".

Figura 3.1: Síntesis

CIENCIA MODERNA	CIENCIA ENCARNADA
Galileo, Bacon, Newton, Bunge, Popper. Cantidad, medición, materia, cuerpos, mecánica, matemática, exactitud, verdades, dualismos, certezas, variables, estadísticas, simplicidad, respuestas, hipótesis, conclusiones, objetividad (observador independiente de lo observado), paradigma mente-cuerpo, razón, deducción, pirámide, sistema de valores patriarcal (*yang*), diseño de investigación único y cerrado. Lenguaje asertivo y lógico, se pregunta por el "qué" y "por qué". Ciencia ≠ filosofía ≠ arte ≠ poesía ≠ ética ≠ mística.	Heráclito, Heisenberg, Morín, Prigogine, Varela, Bachelard, Capra. Calidad, cualidad, conocimiento, incertezas, dudas, preguntas, complejidad, interrelación, transdisciplinariedad, debates críticos, finales son principios de otros caminos, construcción, observador y observado son arte y parte, paradigma mente corporeizada/encarnada, tao y física, intuición (*insight*), red, sistema de valores matrístico (*yang-yin*), diseño de investigación múltiple, abierto y creador. Lenguaje cuestionador y metafórico, se pregunta por los "cómos" y "para qués". Ciencia filosófica, ciencia ética, ciencia artística, ciencia poética ... cienciaéticofilosóficartísticamísticapoética

¿Por qué resulta tan difícil hablar, pensar, escribir sobre la ciencia?, ¿qué hay en nuestra formación _o de-formación_ que

69

nos impide crear nuevas formas de indagar en el saber humano?, ¿por qué llevo tanto tiempo recopilando "información" sobre este asunto y no doy arrancado con un texto propio?, ¿será que ya está todo dicho y no es necesaria más literatura al respecto?, ¿será que mi formación filosófica-pedagógica no me permite entrar en este "duro" asunto?, ¿qué es en realidad? Llevo un año con el cuadro precedente elaborado y sin ir más allá. ¡Es tan claro!, ¿para qué explicar más? Pero debe ser necesario, porque me increpan y solicitan que explique cuáles son estos nuevos caminos que desde diversos ángulos del saber, se vienen buscando, indagando, desarrollando y exponiendo. ¿Será que todavía cabe algo nuevo por decir? ¿O será que lo que se pide explicar, una vez más, es el para qué y el cómo? El **para qué** necesita el ser humano del tercer milenio, una nueva concepción de lo que se entiende por este concepto y un **cómo** se puede llevar a cabo este proceso.

Ciencia no es otra cosa que "organización del conocimiento"; entonces, por qué en la historia de la ciencia occidental, siempre se ha organizado el conocimiento alrededor de datos cuantificables que se extraen del análisis monotemático (separación de la compleja realidad en unidades sin sentido) llevado a cabo a través de lo que "entra" por nuestros sentidos (fundamentalmente vista y oído) y "sale" por nuestro lenguaje exclusivamente verbal-escrito. Así se ha escrito la ciencia en occidente, así es "hacer ciencia". El resto de los saberes humanos, no son ciencia, y por tanto son "menos" importantes o simplemente complementos de lo importante (la ciencia dura, la ciencia básica).

Esta manera de pensar, desarrollada en la historia de la humanidad, permitió un gran avance de las ciencias "puras", y dio como resultado buenos "resultados" de cara al desarrollo tecno-biológico de la interpretación del mundo. Al lado de este avance, el ser humano, en su integridad, en su complejidad se ha quedado desmembrado, olvidado, desubicado, desprestigiado, desestabilizado y en una gran crisis de identidad y valores.

La "ciencia", en su preocupación de "objetividad", se ha olvidado que la objetividad llevada a cabo por un "sujeto" es una incoherencia. Que la separación (obligada y principio de la ciencia) entre objeto de conocimiento y sujeto que conoce es una inconsecuencia, porque se pierde lo teleológico, es decir, el para qué del conocimiento. ¿Es válido todo conocimiento descubierto en pro del avance "científico"?, ¿qué se entiende realmente por "avance científico"?, ¿puede un "científico" olvidarse del uso que se va a dar de sus descubrimientos?

Y en esta crisis estamos. Crisis paradigmática, crisis de identidad, crisis planetaria que está llevando al planeta a decirnos ¡ya es suficiente!, ¿cuándo los seres humanos nos vamos a detener a pensar en las consecuencias de nuestros actos?

Si hacemos una revisión de la historia occidental, la que hemos estudiado y en la que nos hemos formado, nos damos cuenta que la ciencia ha corrido paralela con las teorías que sobre el ser humano y el cuerpo se han sucedido. Dejamos constancia de ello en el cuadro siguiente (figura 2), y en la bibliografía adjunta.

No pretendo, en este escrito, valerme del apoyo documental. Quiero comunicarme con ustedes de manera libre, simple, sin citas que refrenden mis opiniones-conocimientos-saberes-pensamientos-sensaciones-investigaciones. Es por ello que he tardado tanto tiempo en la elaboración de estas páginas. Las palabras no son fruto del azar, no están aquí caídas de las nubes, son consecuencia de nuestra historia de vida. Pero no quiero caer en el simplismo y facilismo de la "cita fácil". Quiero re-crear un texto sobre la ciencia. Sobre lo que estoy comprendiendo que debería ser la ciencia en este milenio, lo que está por hacer, lo que sería la actual-futura labor de la universidad. ¿Quieren datos?, sí, en las referencias bibliográficas los encontrarán. Ellos nos han ayudado a interpretar la historia, pero ahora, como seres creadores de historia, quiero sentirme libre de las palabras de otros. ¿Fácil?, no. Creo que es lo más difícil de afrontar. El liberarnos de las cadenas de lo ya dicho y escrito en pro de algo nuevo que aportar, algún elemento que a otros se le ha escapado, alguna fisura para encontrar nuevas preguntas, nuevos rumbos. ¿Atrevimiento?, quizá; pero necesidad histórica de un cambio en la construcción del conocimiento, cuando estamos tratando precisamente de construcción de conocimiento.

Figura 3.2: Relación entre teorías del cuerpo, teorías sobre el ser humano, evolución de la ciencia en occidente

TEORÍAS CUERPO	TEORÍAS SER HUMANO	EVOLUCIÓN CIENCIA OCCIDENTAL
Soy uno	Unicidad	
		- Physis, hilozoístas
	Sócrates, Platón	"la materia es viva"
Tengo cuerpo	Cristianismo	- Atomismo
MENTE-CUERPO		- Galileo:
	Descartes	conocimiento
	Locke	empírico y
	Newton	matemática
		- Materia como algo
		muerto
nuevas preguntas		- Modelo mecanicista
	Kant, Hegel,	del universo
	Marx, Bachelard	- Paradigma cuerpo-
Soy cuerpo	Constructivismo	mente
	Fenomenología	- Interrogantes y
		dudas
	Neurofenomenología	- Einstein: teoría
CORPOREIDAD		relatividad
LOGOS		- Física cuántica
ENCARNADO		- Física atómica
		- Nuevas Ciencias

Textos "científicos", textos llenos de "citas" de otros. Parece que la "cita" es la que da seriedad a un texto. ¿Será así? Me pregunto a esta altura de mi vida, después de haber escrito bastantes textos, de haber realizado infinidad de citas, si eso es hacer ciencia. Me doy cuenta, que en muchos libros que he leído, el autor "desaparece", no se sabe quién escribe el artículo, el libro. Sí, son buenos, para enterarse del pensamiento o ideas de "otros" y poder profundizar en ellas y remitirse a la fuente. Pero entonces, el libro primero debería modificar el título y solicitar permiso a las fuentes originales para "plagiar" sus ideas. Así se hacen las tesis de maestría y doctorado. ¿Es eso hacer ciencia?

Dicen que "para escribir hay mucho que leer", y también dicen "leer en exceso, impide la creación propia". Desde nuestra mirada hay que conocer lo que otros han escrito, hay que detenerse en los caminos y pensar por nosotros, re-escribir la historia en función de nuestra propia historia. Y también, viva, siéntase como ser humano creador y deje fluir sus ideas, exprese sus sensaciones, percíbase libre en ese proceso y luego complemente con las aportaciones de otros. Pero no repita, no vuelva a decir lo ya dicho, no sea papagayo sino creador. Así debemos orientar a nuestros doctorandos y magíster, de esta manera trataremos que los estudiantes de pre-grado comiencen a hacer ciencia. Desde lo pequeño, desde la acción, desde su ser pensante-sintiente-actuante-amante. ¡Y qué difícil es!, ¡pero tan rico!

Se pretende, "*encarnar*" el conocimiento adquirido fruto de esas diversas fuentes, hacer un "cóctel" con todas ellas, y crear nuestro propio texto, nuestras propias ideas, nuestra propia ciencia, adaptada al contexto que realmente queremos modificar y utilizando las distintas estrategias que nos lo permitan hacer. Ese es el gran desafío, y eso es lo que, desde mi punto de vista, hay que hacer en la universidad. No ser reproductores-consumidores de palabras, sino, creadores-constructores de historia. Y esto se puede enseñar. ¿Es poco "científico"? Entonces que me borren de la ciencia, de las comunidades científicas, de las listas de autores, porque quiero otra cosa, otra ciencia, otra pedagogía, otra sociedad, otro hombre, otro mundo. Seré otro Galileo (que quemaron en la hoguera), otro Einstein (que suspendía matemáticas en la escuela), otro Van Gogh (que murió solo, pobre, enfermo y loco).

"A los tres años se investiga", titula Tonucci uno de sus libros. ¡Mucho nos han criticado por hacer praxis de esta frase cargada de significado! ¿Qué es en definitiva investigar? poner en claro, seguir la pista, sacar en limpio, dar un toque, inquirir, indagar, buscar, analizar, averiguar, preguntar, examinar, descubrir algo diferente, un nuevo camino, una nueva senda, aportar algo innovador que contribuya al conocimiento y posibilite nuevas formas de construir mundo. Algunas de las palabras que el Diccionario nos presenta. ¿Poco científico? Pues resulta que esas son las maravillas de nuestras habilidades de pensamiento y tan poco utilizadas por los estudiantes "más avanzados".

¿Estamos solos? No. Nos han acompañado muchas personas en este largo viaje, muchos dialogadores, muchos escritores, muchos vividores, muchos buscadores y cuestionadores, muchos disidentes que nos hacían seguir explorando y estudiando en diversas fuentes del saber. Ellos fueron-son nuestros compañeros de viaje y, ahora, en este descanso viajero, hemos dejado a nuestros acompañantes y nos hemos detenido a re-pensar todo lo conversado, con miras a crear nuestro propio sueño, porque solamente soñando e imaginando otras realidades, es posible transformar las actuales (utopía realizable).

Desde hace años venimos hablando y haciendo praxis a partir de la tríada mágica (amor, poesía, sabiduría). Esa tríada tan difícil de conjugar porque una cosa "seria" no se puede juntar con una cosa "bella"; un asunto "técnico", no se debe mezclar con un asunto "ético"; es decir el eterno dualismo del modernismo (en dónde nació la ciencia moderna) es el perpetuo caballo de batalla del saber humano.

¿Por qué hay tantas cosas dichas y tan pocas realizadas?, ¿por qué tanta contradicción entre lo que se dice en las aulas y la manera en cómo se dice?, ¿a quién creer?, ¿a qué es debida tanta disonancia entre ser-saber-hacer?, ¿en dónde está la dificultad de la praxis (conocimiento emancipatorio)?, ¿por qué la universidad está llena de "teóricos" que huyen de la "práctica"?, ¿por qué la teoría la abarcan los "sabedores" y la práctica los "hacedores"?, ¿cuándo vamos a cambiar el hablar y escuchar por la acción (pensamiento, intención, emoción, consciencia y energía), cuándo sabemos que es a través de ésta que el ser humano aprende.

Pero ¿será que la praxis no es ciencia?, ¿será que estas preguntas no son científicas?, ¿en dónde estamos parados?, ¿hacia dónde queremos ir?, ¿cuáles son realmente nuestras inquietudes como docentes universitarios?, ¿sabe la universidad cuáles son sus horizontes, sus luces, sus utopías? En teoría sí. En sus idearios, misiones, propósitos, objetivos queda muy bien recogido. Pero, ¿cómo se está en verdad desarrollando? Todos nos quejamos, pero muy pocos aportan alternativas, o están dispuestos a romper estructuras que lleven a otras preguntas, para con nuevos interrogantes adentrarnos en nuevos conocimientos que sean transformadores de realidades, no imitadores o descriptores de lo existente. Rupturas, cortes epistemológicos, complejidad, complicación, ¿tan difícil resulta?, ¿cuáles son los elementos que nos impiden avanzar? Quizá las imágenes siguientes nos aporten alguna luz:

Figura 3.3 - errores de la historia occidental y nuevo paradigma (basado en Berman, 2002)

ERRORES DE NUESTRA HISTORIA	NUEVO PARADIGMA
- Oposición Sí Mismo / Otro	- Puede ser un nuevo error
- Estructura Binaria	- Aprender a vivir sin paradigmas
- Objetos Transaccionales	- Tener ideas, no depende de ideologías
- Herejías vs. Ortodoxia	
- Experiencia estática vs. Vida ordinaria	- Paradigma Encarnado (explorar las posibilidades de una vida cimentada en la integridad somática)
- División mente / cuerpo	

Las ideas que estamos presentando suponen un corte epistemológico, no sólo en la "ciencia", sino en la propia interpretación del mundo y de la vida: "el corte epistemológico no constituye un acontecimiento puntual, sino un salto cualitativo y, por consiguiente, un corte continuo, irreversible (Sérgio, 1999: 83).

¿Se pueden realizar cortes epistemológicos encerrados en nuestras oficinas ante nuestros computadores?, ¿delante de los tubos de ensayo?, ¿somos investigadores en un tiempo y humanos en otro?, lo que leemos, escribimos, pensamos, ¿es irrelevante en nuestras vidas? He aquí una de las grandes cuestiones y limitaciones de la vida: la compartimentación del tiempo. Entonces hablamos en palabras del ayer a los tiempos del hoy: tiempo de trabajo, tiempo libre, tiempo de ocio, tiempo de…, tiempo de … Sin darnos cuenta que TODO ES TIEMPO DE VIDA. Y es en nuestro tiempo de vida que podemos-debemos actuar desde nuestro *self*. Significa esto que los cortes epistemológicos o son sistémicos o no son. O abarcan todo nuestro ser, o se quedan en simples teoricismos que llenan páginas y páginas de libros enteros, pero que nada llegan a modificar en la realidad de la vida de las personas y pueblos. ¿Poco científico? Quizá…

Ciencia, Conocimiento, Saber, lo Simple, lo Simplificado, lo Complicado, lo Complejo

Si leemos textos de la complejidad, desde Morín, Bachelard, Prigogine, nos damos cuenta que estas cuatro palabras son denotadoras de otros cuatro conceptos. No voy a hacer una definición de ellos, creo que eso ya está realizado, sino cómo yo vivo con estos términos, cómo son encarnados por mí.

Un día en unas clases de doctorado con un eminente profesor, no recuerdo el nombre y no es importante, se le pedía que explicara un capítulo de su "complicado" libro. El profesor había solicitado a estos alumnos-profesionales que lo leyeran-estudiaran. Los doctorandos, no llegaban a "entender" y menos a "comprender" el contenido de aquellas páginas. El profesor hizo las explicaciones-exposiciones correspondientes. Y entonces los alumnos le comentan "profesor eso que usted acaba de explicar es muy simple, muy sencillo de entender, ¿por qué en el texto no se comprende? A lo cual responde el eminente profesor: "*pues lo que les acabo de contar es la esencia del texto. Sólo que yo ahora estoy utilizando el lenguaje hablado para llegar a ustedes y el texto está escrito en el "lenguaje escrito científico" que mis colegas exigen para que mis ideas sean reconocidas. Si escribiera, como hablo mi "ciencia" no tendría valor ninguno".*

Creo que es un buen ejemplo del absurdo del conocimiento denominado "científico" en relación al conocimiento denominado "vulgar". Es decir, lo que se entiende simplemente es "vulgar", lo que no se entiende es "científico". Así se ha construido la ciencia, y así está tan dicotomizada la sociedad. Los que saben (escriben complicado), los que no saben (o no escriben o escriben simple). Para mí, y no sólo, ya que mucho hay escrito sobre este asunto un SABIO es aquel que es capaz de hacer "simple lo complejo"; que como persona ha llegado a un punto de madurez que ya puede abstraer el propio conocimiento específico y especializado y "bajarlo" a los diferentes contextos en los cuáles interactúa, dialoga. Esas son las personas que "marcan", que crean historia, que multiplican el conocimiento, que se ponen al lado de los otros, para que juntos colaboremos en la construcción y transformación de los mundos que nos rodean.

¿Hacia dónde quieren caminar ustedes, profesores-investigadores universitarios? Yo lo tengo claro, me gustaría caminar hacia el ser "maestra" y "sabia", a expensas de no ser considerada "intelectual-investigadora". Las personas que más han calado en mí, tanto en lo personal como en lo profesional, fueron esos "sabios". Unos sabios de la vida que me voy encontrando por los caminos de la tierra. Son las personas hablantes y escribientes que me encuentro, son mis interlocutores válidos. Ellos son mis maestros, mis luces entre tantas sombras. Un bello ejemplo es toda la obra de Edgar Morín, el padre de la complejidad. ¡Qué lindo es leer sus textos!, ¡qué poco complicado!, ¡qué sencilla la comprensión! Claro que algunos todavía dirán que es poco "científico". Así fue su vida, un camino de espinas para hacerse entender entre sus colegas franceses. Su pensamiento libre no cabía dentro de las urnas de la universidad y siempre estaba fuera de la denominada "ciencia normal". Cuando leemos su autobiografía, "Mis demonios" nos damos cuenta de cuánta mediocridad hay en la "universitas". ¡Qué pena! Sin embargo, hoy en día, con sus ochenta y tantos años es un "sabio" invitado por todos los países y universidades del mundo. ¿Tanto tiene que "sufrir" un sabio para ser reconocido como tal?, ¿por qué tanta ceguera?, ¿por qué tanto miedo?, ¿por qué tantos doctorados "doctos" que no aportan nada a la humanidad?

Por otro lado, hoy día se le está demandando a las ciencias un compromiso ético-político, en sus descubrimientos y aplicaciones, que hasta ahora estaba alejado de ello. Un investigador ha de estar inmerso en el contexto local-mundial del siglo y milenio que vivimos y colaborar, desde su especificidad, al análisis propositivo de alternativas para la crisis integral que el planeta está padeciendo, en dónde el cambio climático, es sólo una de sus manifestaciones que afectan al desarrollo de los seres humanos y los pueblos.

Este corte epistemológico no va a ser fácil, puesto que todo y todos estamos tildados de siglos de racionalismo, de objetividad, del conocimiento en departamentos estancos que nos están impidiendo el acercamiento a la diversidad de modos del conocer que posee el ser humano en su complejidad. Muchos autores dicen que este es el desafío del milenio y, es en esta perspectiva que estamos tratando de caminar, en un intento de poner en práctica la "carta de transdisciplinariedad" desarrollada como colofón del "Primer Congreso Mundial de Transdisciplinariedad" celebrado en Portugal en noviembre de 1994.

Ahora he tenido "suerte". Me he encontrado con unos otros como yo. Unos otros que han "comprendido" que hacer ciencia es otra cosa. Que separar la persona de la escritura es absurdo; que separar la vida del estudio sobre la vida, una inoperancia y; juntos estamos disfrutando y aprendiendo a construir conocimiento para que no se quede en las bibliotecas de las universidades, sino que con nuestra producción de librepensadores, podamos contribuir a la transformación de las personas y los pueblos en pro del nuevo mundo que está naciendo. Un desafío que no siempre es fácil, cuando desempeñamos nuestra labor académica "dentro" de las instituciones que más "apuntalan" el pensar libre; lo contrario de lo que habitualmente declaman en sus discursos y escritos ideológicos. Pero la crítica fácil del escrito "simple", impide ver la "complejidad" de lo que en él se expresa. Así ha sido la historia de la humanidad, así ha sido la historia del conocimiento, y así estamos: en un pueblo colonizado que no sabe-no quiere-no puede construir su propia historia, porque no sabe-no puede-no quiere construir su propio conocimiento.

Nos damos cuenta, leyendo "otros" libros de historia, filosofía, ciencia "dura", que podríamos citar, que ahora, en el tercer milenio, el DEBER ES OTRO. Y aquí estamos. Dispuestos a recibir las críticas, pero las críticas que provienen de la argumentación y la publicación, no de las charlas "simplistas" y "facilistas" del café, para intentar salir de los caminos trillados de la colonización y del pensamiento de los colonizadores. Es ésta una opción de proyecto de vida y profesional de un grupo de "locos" que andan por el mundo y que nos vamos encontrando alrededor de un proyecto denominado "motricidad y desarrollo humano". Si usted es uno de esos "locos", le invitamos a participar en la construcción de un nuevo mundo a partir de auto-construirnos como libre-pensadores y libre-vividores.

Pero, también queremos aclarar, que este fundamento epistemológico no es un corsé, muy por el contrario. Es una posibilidad de encuentro, de búsquedas colectivas, de discursos dialógicos que en la diferencia nos haga encontrar las esencias básicas de la construcción de nuevos saberes humanos que nos lleven, progresivamente, a un mundo más ecológico.

Referencias bibliográficas en dónde embeberse de las cosas aquí dichas

Alves Jana, J. E. (1995). *Para uma teoria do corpo humano* (1ª ed. Vol. 1). Lisboa: Instituto Piaget.

Arsac, J. (1999). *A Ciência e o sentido da vida* (Vol. 1). Lisboa: Piaget.

Bachelard, G. (1985). *El derecho de soñar* (J. F. Santana, Trans. 1ª ed. Vol. 1). Madrid: Fondo de Cultura Económica.

Benlloch, M. (1997). Las investigaciones sobre las ideas implícitas en ciencias: consecuencias para el curriculum en la escuela primaria. In J. A. Beltrán, P. Domínguez, E. González, J.

A. Bueno & A. Sánchez (Eds.), *Nuevas perspectivas en la intervención psicopedagogía* (1ª Edición ed., Vol. 1, pp. 397-402). Madrid: Universidad Complutense de Madrid Dpto. de Psicología Evolutiva y de la Educación.

Berman, M. (1981). *El reencantamiento del mundo* (S. B. y. F. Huneeus, Trans. 7ª 2001 ed. Vol. 1). Santiago de Chile: Cuatro Vientos.

Berman, M. (1992). *Cuerpo y Espíritu. La historia oculta de Occidente* (R. Valenzuela, Trans. 2ª ed. Vol. 1). Santiago de Chile: Cuatro Vientos.

Berman, M. (2004). *Historia de la Conciencia* (V. Mata & R. Valenzuela, Trans. 1ª ed.). Santiago Chile: Cuatro Vientos.

Botero Uribe, D. (1994). *El derecho a la utopía* (3ª (2000) ed.). Bogotá: Ecoe.

Botero Uribe, D. (2000). *Manifiesto del pensamiento latinoamericano* (1ª ed.). Bogotá: Magisterio.

Cajiao Restrepo, F. (1996). *La piel del alma. Cuerpo, educación y cultura* (1ª ed. Vol. 1). Colombia: Delfín.

Capra, F. (1982). *O Tao da Física* (J. F. Dias, Trans. 1ª ed. Vol. 1). São Paulo: Cultrix.

Capra, F. (2002). *Las conexiones ocultas. Implicaciones sociales, medioambientales, económicas y biológicas de una nueva visión del mundo* (D. Sempau, Trans. 1ª ed. Vol. 1). Barcelona: Anagrama.

Carbón Posse, E. (2001). *La teoría del caos* (1ª ed. Vol. 1). Buenos Aires: Longseller.

Chopra, D. (1994). *Las siete leyes espirituales del éxito* (A. P. Rodriguez, Trans. 13 (2000) ed. Vol. 1). Madrid: Edaf, S.A.

Csikszentmihalyi, M. (1998). *Creatividad. El fluir y la psicología del descubrimiento y la invención* (J. P. T. Abadía, Trans. 1ª ed. Vol. 1). Barcelona: Piadós.

Damásio, A. (1995). *O erro de Descartes* (8ª ed. Vol. 1). Portugal: Publicações Europa-América.

Damásio, A. (2000). *O mistério da consciência* (L. Teixeira, Trans. 1ª ed. Vol. 1). Brasil: Companhía das Letras.

Delgado, J. M. R. (2001). *La mente del niño. Cómo se forma y cómo hay que educarla* (1ª ed. Vol. 1). Madrid: Aguilar.

Díaz, J. L. (1997). *El ábaco, la lira y la rosa. Las regiones del conocimiento*. México: fondo de cultura económica.

Durand, G. (1999). *Ciencia del hombre y tradición* (A. L. y. M. Tabuyo, Trans. 1ª ed. Vol. 1). Barcelona: Paidós.

Feldenkrais, M. (1996). *La dificultad de ver lo obvio* (E. B. Casals, Trans. 2ª ed. Vol. 1). Barcelona: Paidós.

Freire, P. (1996). *Pedagogia da autonomía* (15ª ed. Vol. 1). S.P. Brasil: Paz e terra.

García, J., & Trigo, E. (1998). Crear ciencia educándonos. Una experiencia en investigación colaborativa. In J. Martinez del Castillo (Ed.), *Deporte y calidad de vida* (pp. 333-342). Madrid: Esteban Sanz.

Goleman, D. (1997). *Emoçoes que curam. Conversas com o Dalai Lama sobre mente alerta, emoçoes e saúde* (C. G. Duarte, Trans. 1ª ed. Vol. 1). Río de Janeiro: Rocco.

Grijelmo, Á. (2000). *La seducción de las palabras* (1ª ed. Vol. 1). Madrid: Grupo Santillana Ediciones.

Holden, R. (1998). *La risa, la mejor medicina. El poder curativo del buen humor y la felicidad* (J. C. Guix, Trans. 1ª ed. Vol. 1). Barcelona: Oniro.

Jans, S. (1999). Hacia un nuevo humanismo. *Occidente,369*.

Jans, S. (2002). Neohumanismo y cognicion postracionalista.*http://members.tripod.cl/jans/neohumanismo.htm*

Jáuregui, J. A. (2000). *Aprender a pensar con libertad* (1ª ed. Vol. 1). Barcelona: Martinez Roca.

Jáuregui, J. A. (2001). *La identidad humana* (1ª ed. Vol. 1). Barcelona: Martinez Roca.

Kuhn, T. S. (1975). *La estructura de las revoluciones científicas* (Vol. 1). Madrid: Fonde de Cultura Económica.

Laín Entralgo, P. (1999). *Qué es el Hombre. Evolución y sentido de la vida* (1ª ed. Vol. 1). Oviedo: Ediciones Nobel.

Lowen, A. (1993). *La expiritualidad del cuerpo* (G. Vitale, Trans. 1ª ed. Vol. 1). Barcelona: Paidós.

Madrigal, M. N., & Tocino, A. (1997). Creencias religiosas y desarrollo del razonamiento moral. In J. A. Beltrán, P. Domínguez, E. González, J. A. Bueno & A. Sánchez (Eds.), *Nuevas perspectivas en la intervención psicopedagogía* (1ª Edición ed., Vol. 1, pp. 419-423). Madrid: Universidad Complutense de Madrid Dpto. de Psicología evolutiva y de la Educación.

Marina, J. A. (2000). *Crónicas de la ultramodernidad* (1ª ed. Vol. 1). Barcelona: Anagrama.

Marina, J. M. (2000). *La lucha por la dignidad. Teoría de la felicidad política* (1ª ed. Vol. 1). Barcelona: Anagrama.

Maturana, H. R. (1995). *La realidad: ¿objetiva o construida? I. Fundamentos biológicos de la realidad* (1ª ed. Vol. 1). Barcelona: Anthropos.

McLaren, P. (1994). *Pedagogía crítica, resistencia cultural y, la producción del deseo* (1ª ed. Vol. 1). Argentina: Rei Argentina.

Merleau-Ponty, M. (1945). *Phénoménologie de la perception* (Vol. 1). París: Gallimard.

Miermont, J. (1996). *Ecologia das Relaçoes Afectivas. Para um paradigma ecossistémico* (F. Oliveira, Trans. 1ª ed. Vol. 1). Lisboa: Instituto Piaget.

Moore, T. (1999). *El placer de cada día* (A. Coscarelli, Trans. 1ª ed. Vol. 1). Barcelona: biblioteca bolsillo.

Morín, E. (1997). *Introducción al pensamiento complejo* (M. Pakman, Trans. 1ª ed. Vol. 1). Barcelona: Gedisa.

Morín, E. (2000). *La mente bien ordenada* (M. J. Buxó & D. Montesinos, Trans. 1ª ed. Vol. 1). Barcelona: Seix Barral.

Morín, E. y. o. (1998). *A Sociedade em busca de valores. Para fugir à alternativa entre o cepticismo e o dogmatismo* (L. M. Couceiro, Trans. 1ª ed. Vol. 1). Lisboa: Instituto Paiget.

Mosterín, J. (2001). *Ciencia viva. Reflexiones sobre la aventura intelectual de nuestro tiempo* (1ª ed. Vol. 1). Madrid: Espasa Calpe.

Muñoz Redón, J. (1999a). *El libro de las preguntas desconcertantes* (1ª ed. Vol. 1). Barcelona: Paidós.

Muñoz Redón, J. (1999b). *Filosofía de la felicidad* (1ª ed. Vol. 1). Barcelona: Anagrama.

Muñoz Redón, J. (2000). *Tómatelo con filosofía. Ideas para mitigar los males del espíritu* (1ª ed. Vol. 1). Barcelona: Paidós.

Nickerson, R. S., Perkins, D. N., & Smith, E. E. (1994). *Enseñar a pensar. Aspectos de la aptitud intelectual* (L. R. y. C. Ginard, Trans. 3ª ed.). Madrid: MEC/Paidós.

Núñez Errázuriz, R. (2001). Mente-cuerpo: una vieja falacia. *El Mercurio, domingo 21 octubre.*

Ortiz-Osés, A. (2003). *Amor y sentido. Una hermenéutica simbólica* (1ª ed. Vol. 1). Barcelona: Anthropos.

Osho. (2001). *Creatividad, liberando las fuerzas internas* (1ª ed. Vol. 1). Madrid: Debate.

Pániker, S. (2001). *Cuaderno amarillo* (1ª ed. Vol. 1). Barcelona: Plaza & Janés.

Panikkar, R. (1999). *El mundanal silencio* (1ª ed. Vol. 1). Barcelona: Martinez Roca.

Pazos, J. M., Sánchez, M. M., & Trigo, E. (1998). Investigación colaborativa, creatividad y motricidad. Resultados de un proyecto de futuro. In J. Martinez del Castillo (Ed.), *Deporte y calidad de vida* (pp. 343-354). Madrid: Esteban Sanz.

Pozzoli, M. T. (2001). *Complexus. Psicología, ciencias de la salud y cambio cultural: desde el paradigma de la complejidad* (1ª ed. Vol. 1). Santiago de Chile: LOM ediciones.

Prigogine, I. (1983). *¿Tan solo una ilusión?* (F. Martín, Trans. 4ª ed. Vol. 1). Barcelona: Tusquets Editores.

Prigogine, I. (2001). *Ciência, Razao e Paixao* (1ª ed. Vol. 1). Brasil: Universidade do Estado do Pará.

Ricoeur, P. (1996). *Sí mismo como otro* (1ª ed. Vol. 1). Barcelona: Siglo XXI.

Sérgio, M. (1995). *Para uma epistemologia da motricidade humana* (2ª ed.). Lisboa: Compendium.

Sérgio, M. (1996). *Epistemologia da motricidade humana* (1ª ed.). Lisboa: FMH.

Sérgio, M. (2002). Como se produz o conhecimento. *Discorpo, 12,* 9-30.

Sokal, A., & Bricmont, J. (1999). *Imposturas intelectuales* (J. C. G. Vilaplana, Trans. 1ª ed. Vol. 1). Barcelona: Paidós.

Stenberg, R. J., & Lubart, T. I. (1997). *La creatividad en una cultura conformista*. Barcelona: Paidós.

Suzuki, D. T., & Fromm, E. (1964). *Budismo zen y psicoanálisis* (J. Campos, Trans. 1ª ed. Vol. 1). México: Fondo de Cultura Económica.

Tedesco, J. C. (1995). *El nuevo pacto educativo. Educación, competitividad y ciudadanía en la sociedad moderna* (1ª ed. Vol. 1). Madrid: Anaya.

Trigo, E. (2001). cuerpo y creatividad. *Tándem, 3*, 5-24.

Trigo, E. c. (2000). *Fundamentos de la motricidad. Aspectos teóricos, prácticos y didácticos* (1ª ed. Vol. 1). Madrid: Gymnos.

Trigo, E. c. (2001). *Motricidad creativa: una forma de investigar* (Vol. 1). A Coruña: Universidad.

Trigo, E. y. c. (1999). *Creatividad y Motricidad* (Vol. 1). Barcelona: Inde.

Varela, F. (2000). *El fenómeno de la vida* (1ª ed. Vol. 1). Santiago de Chile: Dolmen.

Varios. (1999). Pioneros del siglo XXI. *El País, 21 abril*.

Vicens, J. (1995). *El valor de la salud. Una reflexión sociológica sobre la calidad de vida* (1ª ed. Vol. 1). Madrid: Siglo XXI.

Zubiri, X. (1986). *Sobre el hombre* (1ª ed. Vol. 1). Madrid: Alianza / Fundación Xavier Zubiri.

INVESTIGACIÓN ENCARNADA*

* El artículo fue publicado originalmente en la revista Cocar, Brasil. Noviembre 2011.

RESUMEN

No es porque las cosas son difíciles
que no nos atrevemos,
es porque no nos atrevemos que son difíciles
Séneca

A partir de un análisis de lo que significa "conocer" en el mundo complejo y crítico de hoy en día, el artículo aborda y desarrolla una propuesta sobre ciencia e investigación encarnada a la luz de la corporeidad y motricidad humana, fundamentada en autores de diversos ámbitos y de la experiencia investigativa de la autora.

Palabras clave: ciencia-conocimiento encarnado, investigación encarnada, corporeidad, motricidad humana.

Ciencia-conocimiento encarnado

Crisis!!! Crisis financiera, crisis económica, crisis ecológica, crisis de valores, crisis del conocimiento, ¿no será una crisis civilizatoria?, ¿no será la oportunidad, que la vida, nos da a los humanos, para buscar otras vías de ser y estar en el mundo? Mas, ¿tenemos la capacidad de darnos cuenta, percibir, tomar consciencia, afrontar los miedos y atrevernos a inventar otros mundos? ¿Estamos dispuestos a enfrentar el problema como humanos, como gobiernos, como naciones, como pueblo-humano? Si los problemas son otros, ¿no serán también otros los caminos a emprender y las preguntas a cuestionar? ¿Hemos llegado hasta el siglo XXI para abandonarnos a la desesperanza y al desasosiego?, ¿será que "don dinero" no nos dejará pensar, imaginar, soñar, proponer y organizar un mundo distinto para la diferencia y la inclusión?, ¿será que todavía no hemos construido conocimiento suficiente para abordar las cuestiones fundamentales que en estos momentos nos asolan?

¿Para qué tantos años de escolaridad, tantas universidades, tanta inversión en educación, investigación, tecnología y desarrollo si no somos capaces de afrontar y enfrentar esta crisis?, ¿nos queda algo por hacer a los investigadores?, ¿en dónde estamos atrapados para sentir que nos faltan las ideas?

Con el ánimo de contribuir, desde nuestra ubicación terrícola, a la construcción de conocimiento pertinente y contextual, es que nos desafiamos a continuar hablando-escribiendo de investigación. Porque ha sido y es la investigación uno de mis placeres y razones de mi existencia. Mas cuando hablo de investigación, lo hago desde mi vivencia corpórea, desde lo aprendido encarnadamente, desde lo aplicado en el día a día, en las aulas, los proyectos, la calle, la casa, los viajes.

El Diccionario de la Real Academia Española (DRAE) nos dice que Investigación es: Indagación, exploración, pesquisa, busca, averiguación, sondeo, escudriñamiento; e Investigar: poner en claro, seguir la pista, sacar en limpio, dar un toque, inquirir, indagar, averiguar.

Podemos destacar que, por un lado, investigación nos habla de indagación y exploración, es decir de una actitud de búsqueda y descubrimiento; y por otro, investigar hace énfasis en seguir la pista e inquirir; esto es, es un acto de preguntar y avanzar en un camino que se construye a sí mismo. Pero esta búsqueda va más allá de la simple pesquisa por descubrir la realidad que nos rodea y conforma, está encaminada a ser la base que permite al Ser, ante todo, comprenderse a sí mismo, que le permite vislumbrar y seguir su propia trayectoria como humano, pero reconociendo que su búsqueda no es solitaria, que la hace en íntima relación consigo mismo, con sus congéneres y con la naturaleza que lo rodea. En palabras de la Motricidad[i], el ser humano se hace humano en su interacción con el yo-otro-cosmos. Desde esta perspectiva, ¿qué podemos aprender de la intención humana de conocer? ¿Para qué debe servir la investigación? Desde mi mirada, la investigación debe servir para contribuir a construir un mundo más amable, respetuoso los unos con los otros, lleno de sueños cercanos a las realidades que contribuya a vivir en armonía.

Desde la Motricidad Humana se considera que la investigación debe ser un proceso de enamoramiento entre la búsqueda constante por lo que somos y aquella producción de conocimiento que hace ciencia-conocimiento encarnado o logos encarnado. Entendemos el conocimiento desde la perspectiva de Morin (1994) como "actividad por la cual, el ser humano toma consciencia de los datos de la experiencia y procura comprenderlos o explicarlos. El acto de conocer es al mismo tiempo, biológico, cerebral, espiritual, lógico, lingüístico, cultural, social, histórico; no puede disociarse de la vida humana y de las relaciones sociales".

Nos ubicamos, desde hace décadas, como investigadores en una ciencia/conocimiento ético-político (la motricidad humana) que supere (no que desconozca) todos los "ismos" y fragmentaciones de la tradicional cultura egocéntrica de la Europa en que nos hemos formado. Vivir en Latinoamérica, no puede ser un acaso y un solapamiento, debe ser una oportunidad para auto-reconocer lo propio y ajeno. Es desde esta interculturalidad que estamos colaborando con el mundo académico-político en la construcción de conocimiento pertinente para este momento histórico[ii].

Las ciencias cognitivas, las neurociencias, la fenomenología y neurofenomenología, los avances de la física (de la física newtoniana a la física cuántica) y la matemática (de la geometría euclidiana a la fractal y la cuarta dimensión), las teorías de sistemas y la complejidad, los diálogos entablados entre los místicos-orientales-budistas y los científicos-occidentales, no pueden ser sólo aportes teóricos para regocijo de los intelectuales y científicos. Son verdaderas rupturas paradigmáticas,[iii] ontológicas, epistémicas y metodológicas que nos colocan en "crisis" respecto a la propia cosmovisión y construcción del conocimiento. Ya no podemos negar la evidencia, sólo nos queda tratar de comprender y aplicar a la Vida –nuestra vida-, estas "nuevas" contribuciones del saber humano.

Hay un mensaje que todo el mundo debiera comprender hoy por hoy, que esa historia del antagonismo o de la dualidad mente-cuerpo se acabó. Que eso es puramente un reflejo adquirido, que desde el punto de vista científico, filosófico y culturalmente -dicho así en grande-, no hay manera ni ninguna razón para confundir...Decir que hay una especie de contradicción o de separación entre la mente y el cuerpo tendría que ser lo mismo que pensar que hay una contradicción entre el movimiento del caballo y sus patas (Varela 2000b).

¿Qué significa "conocer" hoy en día? Un trabajo exhaustivo al respecto, basado en investigadores de la más alta talla nos lo presenta Sergio Toro en una de sus últimas publicaciones (Toro 2010) y por ello, no vamos a repetir lo que allí se dice. Conceptos como mente encarnada, logos encarnado, enacción, corporeidad, motricidad, creatividad son los que están en el soporte de la ciencia/conocimiento encarnado. Habrá que estudiar con un poco de detenimiento estas elaboraciones para poder continuar el discurso, pero no es el propósito de este artículo.

El primer desafío a enfrentar, como seres humanos creadores de historia, es la ampliación de la capacidad de pensar que conlleva la dimensión somática[iv]. Esto nos ofrece "un nuevo acceso a la relación corporal con el mundo a través de los sentidos, más allá de la función de la consciencia y del lenguaje" (Conill, citado por Zemelman 2005).

¡Qué difícil nos lo ha puesto la historia! Primero nos "convencen" que la *res extensa* es independiente de la *res cogitans*, que la ciencia[v] no es arte, que el arte no es filosofía, que el investigador (sujeto) debe abstraerse de la cosa a ser investigada (objeto) para que su investigación sea validada y fiable por la comunidad científica. Y ahora, después de haber aprendido muy bien la tarea, nos cambian las preguntas, modifican el contexto, nos mudan las teorías interpretativas de la realidad. ¿Cómo re-acomodarnos?, ¿cómo ser capaces de continuar la creación humana?, ¿quién se atreve a dar el primer paso en los lugares habituales de vida personal-profesional-académica? Pero, si nos llamamos investigadores, o intelectuales, o científicos, o simplemente seres humanos, no nos queda más que cumplir con nuestra responsabilidad histórica: ¡ser creadores de realidades, ser utópicos[vi] y acrónicos!

Conocemos-vivimos a través de los *sentidos* (sujeto-medio), comprendemos desde y con nuestra *corporeidad* (nuestro complejo ser-en-el-mundo), interpretamos en nuestra *motricidad* (corporeidad en-acción hacia la trascendencia), proyectamos con la *creatividad* (lo que está más allá de lo visible). La razón ya no es opuesta a la no-razón[vii] (Botero Uribe 2000) sino que es una forma integrada de pensar, es un pensar epistémico y no un pensar teórico. ¿Seremos capaces, los seres humanos de este siglo, de comprender en la piel y no solamente con la razón instrumental esta transformación paradigmático-cósmica y continuar creando un mundo-para-la-vida-planetaria?, ¿seremos capaces los investigadores de todas las áreas, tendencias, culturas y regiones del planeta de hacer este cambio en nuestras mentes corpóreas que permita una ciencia-conocimiento encarnada para un Buen Vivir como nos insta Leonardo Boff? (Boff 2004).

Etimológicamente **encarnado/**da proviene del participio *encarnar del* latín *Incarnāre* que significa personificar, representar alguna idea, doctrina, etc. Epistemológicamente se sigue de la ruptura de los dualismos mente-cuerpo, mente-espíritu, razón-emoción, sujeto-objeto, civilizado-salvaje, oriente-occidente y así por delante. Lingüísticamente se puede traducir como *embodied* y así encontramos las expresiones *embodied knowledge* (conocimiento encarnado), *embodied mind* (mente encarnada), *logos encarnado, science embodied* (ciencia encarnada) (Capra 2002; Núñez Errázuriz 2001; Toro 2005; Varela 2000a).

En últimas *encarnar el conocimiento*, no es otra cosa que conocer desde el sí mismo (corporeidad) en relación con los otros y lo otro, lo que denominamos en la CMH la relación triádica yo-otro-cosmos. Y, según ello *ciencia encarnada* es conocimiento (encarnado) sistematizado (teoría de los sistemas y complejidad) elaborado mediante la puesta en escena de nuestra corporeidad-motricidad-creatividad a través de caminos investigativos encarnados organizados epistémica y no teóricamente. Es conocimiento hecho propio, enraizado, se lleva a todas partes, no se esconde, es parte vital del ser.

El tiempo de las verdades absolutas, de las cosas dadas por ciertas, de la seguridad, la simplicidad, ya no es más el tiempo de hoy. Ni siquiera el tiempo (ni como vivencia ni como concepto) es el mismo que vivíamos, tan sólo, cincuenta años atrás y aprendimos en los textos escolares de la física. Si el mundo se nos ha movido, puesto que el conocimiento es movible-devenible, es sensato pensar-sentir-imaginar que hemos de aprender, si todavía no hemos aprendido, a estar moviéndonos continuamente, a ser capaces de no aferrarnos a una verdad o a un conocimiento dado como absoluto. Puesto que, a poco que miremos alrededor o dejemos pasar un poco el tiempo, nos daremos cuenta que lo que habíamos creído como verdad inamovible, se ha disipado o transformado en otro conocimiento (Hawking 1987). Cada día aparecen nuevos conocimientos, fruto de la experiencia, del estudio, la investigación, la relación inter-personal, inter-cultural que no podíamos imaginar en instantes anteriores. Así fuimos, los humanos, construyendo el mundo. Unas verdades sustituyendo a otras, unos conocimientos a otros, unos descubrimientos a otros. Entonces, la incertidumbre, la inestabilidad, la inconclusión, lo inacabado debería ser la norma en la educación, la investigación, la relación. ¿Por qué nos cuesta tanto vivir y asumir lo que es el mundo-hoy?, ¿por qué nos empecinamos en querer pensar un mundo-fijo si tenemos todos los datos de lo contrario?

Es como si viviéramos escindidos, por un lado nuestra vida cotidiana compleja (incierta, autopoiética) y por otra nuestra vida investigativa simple (predeterminada, causal). ¿Qué nos está sucediendo?, ¿por qué no podemos unir y relacionar lo que ha sido separado? ¡Cuánto conocimiento-ciencia desperdiciada por nuestro orgullo occidental!, ¡qué triste que hayamos dejado perder los conocimientos-ciencias-filosofías-artes de los pueblos antiguos! ¿Qué nos ha sucedido? En nuestra vida nos hemos enfrentado con nosotros mismos por no poder comprenderasumir-encarnar conocimientos que provienen de lugares diversos pero que sí nos acontecen.

Cuando viajamos –física y/o virtualmente- por los distintos países, naciones, culturas de nuestro planeta, vamos poniéndonos en contacto con diversas maneras de ubicarse en el mundo, nuevos conocimientos que nos hacen trastabillar, unas veces, y otras apasionarnos. ¿Por qué nos chocan determinadas posiciones?, ¿por qué nos sentimos, muchas veces, agredidos por formas culturales-conocimientos-ciencias que se nos antojan van en contra de nuestra visión de mundo?, ¿tan difícil es integrar e incluir?, ¿tan complicado vivir la diferencia? Pero, ¿no es esto la complejidad de la que todos hablamos, escribimos y sobre la que investigamos? Mi visión de este problema es que los humanos –todos, independientemente de nuestro lugar de origen- somos seres locales y adquirimos en la localidad los elementos que nos permiten comprender "ese" trocito de mundo. Ahí, vamos construyendo nuestro ser corpóreo y desde esa corporeidad actuamos, pensamos, vivimos. Lo demás, las otras localidades, son eso: otros espacios, otras culturas, los otros. Y, nos resulta muy difícil sacudirnos de la corporeidad vivida para adentrarnos en las corporeidades-otras. Lo hacemos muy bien en los escritos y los discursos pero se nos revuelve en la vivencia del día a día cuando nos fuerzan a convivir con la excesiva diferencia. Quizá, es éste uno de los elementos primarios de las luchas tribales y actuales guerras, exceptuando las luchas por el territorio.

Somos seres corpóreos y por ello, vivimos en y con la piel, cada acontecimiento. Vibramos energéticamente al son de la energía universal y también en la energía de cada elemento (humano y no-humano) que constituye la vida. Pero, al habernos negado, en el mundo occidental, la corporeidad, nos han impedido aprender complejamente y la razón (pensamiento racional) no es suficiente para comprender y comprendernos en esa diferencia. Si a veces tenemos problemas para entendernos en la convivencia entre casi iguales, ¿cómo no asumir que nos resulte casi imposible comprendernos en la diferencia de diferentes? Pero, el mundo se ha globalizado y ahora somos obligados a ser glocales y no tribales. El problema es que no se nos han dado las herramientas para hacer ese tránsito. Nos han echado al terreno y esperan que actuemos glocalmente.

¿Qué tiene esto que ver con el tema que estamos tratando?, dirán ustedes. Y quizá tienen razón, pero pienso que el tema es tan espinoso que se introduce por nuestros poros en cada conversación y aspecto a ser investigado. Y si estamos hablando de investigación, de conocimiento, es justo saber por qué, muchas veces, nos sentimos atrapados en la "ciencia normal", en la "normativa investigativa" y en los "modelos metodológicos"[viii]. Si queremos ir más allá de las normas establecidas en occidente, debemos comprender por qué nos resulta tan difícil abrir nuevas preguntas, construir nuevos caminos y afrontar los miedos de no cerrar las cuestiones dando por concluido un trabajo. Ser capaces de nadar en la incertidumbre, la ambigüedad, la duda, la inconclusión, la pregunta, es el gran desafío de la investigación, del conocimiento, de la ciencia y muchas veces también del arte.

Hace unos meses, se me pidió la evaluación de un trabajo de grado, llevado a cabo por un artista y educador. La primera sorpresa que me llevé, al tomar contacto con el documento, es que el autor-artista-educador, había desaparecido para dejar, en su lugar, al sujeto-documental-metodológico. Es como si a esta persona le hubieran cortado las manos de su arte y le hubieran obligado a "dictar" un discurso en un lenguaje no propio. ¡Y todo ello en función de la norma, la rigurosidad, la investigación!

Entonces nos queda mucho por estudiar, comprender, aceptar y asumir como seres corpóreos. Bajarnos de los pedestales (racionales) a los que nos hemos encaramado para compartir con la diferencia y los diferentes y, ahora sí, juntos pero no revueltos (no podemos ni debemos perder la diferencia –fundamento de la vida-) pensar el mundo, los reales problemas que nos acosan (y que no son los que los mas media nos hacen ver) y responsable y comprometidamente atrevernos a proponer modos alternativos de vida. Para ello, los investigadores-todos del mundo, independientemente de nuestras áreas de conocimiento, procedencias y tendencias, tenemos una gran tarea por delante: construir las preguntas básicas, las preguntas que nos permitan pensar alternativas al mundo de la vida. No las preguntas-norma, no las preguntas fáciles, sino las preguntas que nos lleven a más preguntas y nos fuercen a pensar por caminos diferentes a los que, hasta ahora, hemos pensado. No es ir hacia atrás, todo lo contrario, es aprovechar la extensión y profundidad del conocimiento existente en el planeta, para mirar adelante y abrirnos nuevas rutas que nos permitan continuar viviendo. ¿No es suficiente?

Para ello, deberemos valernos de todas las capacidades y habilidades que tenemos los seres humanos. No quedarnos atrapados en el pensamiento lógico-deductivo-argumentativo desconociendo las posibilidades que nos ofrece la imaginación, la ensoñación, la intuición, la emoción, la razón, la metáfora, etc., así como los diferentes lenguajes con los cuales nos comunicamos. El hecho, que en la sociedad occidental, hayamos dispuesto el alfabeto (oral y escrito) como el lenguaje "válido" para la construcción de conocimiento, no significa que sea el único lenguaje por el cual los humanos construimos conocimiento. Permanecer en esta verdad, no nos va a ayudar a resolver la problemática. Quizá, nos parezca extraño, todavía, admitir que los lenguajes simbólicos (música, canto, danza, pintura, gesto, cine, fotografía) tienen, muchas veces, más poder para transformar la realidad que el propio lenguaje oral y escrito (matemática y literatura). ¿Cuántas veces nos hemos despertado de nuestro analfabetismo cultural y en nuestra sensibilidad en una película, una exposición fotográfica, una obra de teatro? ¿Por qué empecinarnos que los pueblos-danzantes no construyen conocimiento-ciencia-filosofía? ¿No puede ser ese orgullo occidental el que quizá esté entorpeciendo los procesos de comprensión en la diferencia?, ¿será la envidia y la falta de comprensión en las maneras-otras de ser y estar en el mundo? ¿no ha sido la misma física cuántica occidental que ha tenido que admitir "lo no-visible" para comprender la materia? (Sheldrake 1995)[ix].

Todo esto es, desde nuestro punto de vista, *encarnar el conocimiento*. Es decir, conocer desde nuestra subjetividad[x], desde nuestro ser complejo corpóreo, desde todas y cada una de las capacidades y dimensiones que nos constituyen como humanos y eso en relación con los otros seres con quienes compartimos el planeta. Es una apuesta de esperanza por la vida, un desafío que todavía podemos emprender la especie humana. Bajarnos de los pedestales de las verdades instituidas, hacernos más humildes y ponernos a trabajar, todos, en otros derroteros. ¿Una utopía? Recordemos que los sueños de hoy son las realidades de mañana y que solamente soñando, imaginando otras realidades es que podemos transformar la existencia del hoy.

A partir de lo dicho definimos *Investigación encarnada* como *el estudio de los diversos procedimientos corpóreos que empleamos para descubrir los entresijos de un problema que me (nos) afectan como ser/es humano/s en el mundo* (soy humano y nada de lo que es humano me es ajeno). La investigación no es aséptica ni imparcial, de la misma manera que no hay ciencia-conocimiento encarnado aséptico y apolítico. Toda investigación tiene una carga afectiva, porque es un ser humano complejo (emocional, espiritual, físico, mental, mágico, sensitivo, intuitivo) quien elige qué investigar y cómo investigar, qué mirar y como mirar.

Principios de la investigación encarnada

Veamos, según nuestro punto de vista, los principios de este conocimiento-ciencia encarnada, y que habrá que ir desarrollando, fundamentando e implementando a medida que orientemos trabajos investigativos de diversa índole. Este trabajo se fue desgranando a lo largo de la historia investigativa después de un estudio necesario y exhaustivo de la metodología clásica de la ciencia, que implica, no sólo estudiar teóricamente, sino haber investigado desde esta normatividad (Trigo 1990), caminos intermedios (kon-traste y Trigo 1999; Trigo 1999) y desde la perspectiva encarnada que proponemos (Bohórquez 2008; Gil da Costa 2008; Jaramillo 2006; Kon-Moción 2009; Montoya y Trigo 2007; Montoya y Trigo 2009).

La construcción de conocimiento encarnado significa trabajar en: lo contextual (cultural, pertinente y temporal); la búsqueda de sentidos y compromiso con la vida en todas sus manifestaciones; la incertidumbre (interacción, integración, orden-desorden); la relación sujeto-objeto (subjetividad-objetividad); el universo como probabilístico, discontinuo, interpretable; el pensamiento es mente encarnada (corporeidad); la construcción de conocimiento desde la puesta en acción de las diversas dimensiones, capacidades, habilidades y lenguajes humanos; la polaridad y complejidad (la no-exclusión de lo aprendido en la historia de la humanidad, por muy dispar que nos parezca); la política y la ética[xi] porque somos responsables de todo lo que hacemos y dejamos de hacer, lo que decimos y dejamos de decir, porque no existe lo a-político ni podemos aceptar comportamientos anti-éticos que dilapiden la vida en la construcción de mundos posibles; la sabiduría[xii] porque es la integración del saber y la vida y sólo siendo sabios y actuando con inteligencia[xiii] es que sabremos ubicarnos en el sistema-mundo que nos ha tocado vivir; preguntarse por el "para qué" (horizontes), el "qué" (conceptos-episteme), el "por qué" (historia, contexto) y el "cómo" (caminos, procedimientos).

Dialogando con los Principios:

Aprender a pensar corpóreamente. Aprender a "mirar" desde nuestra subjetividad; "ver" más allá de lo aparente con nuestros distintos "ojos" (sentidos), forzando nuestra mente encarnada para comprender profundamente sin querer comprenderlo todo. Dejarnos impactar por la vida del contexto, sin inmiscuirnos en lo que no nos compete. Respetar el mundo de la vida y saber retirarnos silenciosamente en el momento oportuno. Respeto al otro-otros-cosmos. En la Red Internacional de Investigadores en Motricidad Humana, entendemos la corporeidad como "condición concreta de presencia, significación y participación del hombre en el mundo. Como condición objetiva, la corporeidad es el sustrato sobre el cual se asienta la motricidad. Como vivencia subjetiva, la corporeidad es fruto de la construcción de la motricidad".

Exploración de los diversos lenguajes por y con los cuales producimos conocimiento los seres humanos. "El empobrecimiento de los lenguajes utilizados centrados en la estructura sujeto y predicado, está muy ligado a una lógica de razonamiento, a todas luces dominante, como es la lógica del objeto… y la posibilidad de construir una forma de discurso que incorpore los valores del sujeto explícitamente... y una crítica a la razón excluyente que entendemos muy identificada a los lenguajes nomológicos" (Zemelman 2005).

Estudio, fundamento, desarrollo y aplicación de las diversas facultades que nos hace humanos y con las cuales construimos mundos. "De la conjugación de las nociones de encarnación y emergencia, aparece una concepción de mente y mundo intrínsecamente relacionadas a la imaginación y fantasía" (Varela 2000a).

Desplegar el abanico de sentidos y desde ahí desarrollar la sensibilidad de percibir el mundo, sus problemas y posibilidades. Pasar de la sensación-percepción-consciencia[xiv] a la sensibilidad que nos "obligue" a tomar posición y actuar. "Postular la irreductibilidad de lo sensorial exige la descripción de un cuerpo que sirva para sentir antes incluso de que sirva para pensar, pues el sentir es precisamente lo propio del cuerpo. Este proyecto exige por lo tanto describir la ontología de este cuerpo y los principios del desarrollo ontogenético que permite pensar en la aparición de un cuerpo estructurado… La sensibilidad, por medio del marco instaurado por el cuerpo que siente, delimita en consecuencia el mundo tal como lo percibimos" (Surrallés 2009).

Atreverse a crear los propios caminos que ayuden a desentrañar el problema/s y la/s pregunta/s de investigación. La investigación es un arte creador (Bohm y Peat 1988; Trigo 2008) y por tanto no hay rutas hechas, establecidas, sino trillas a ser abiertas.

Afrontar los miedos (Gil da Costa 2008) de pensar e investigar desde la razón-no razón (Botero Uribe 1994) y la no utilización de categorías y modelos previos. Permitirnos nadar en la ambigüedad, la duda, la pregunta y la inconclusión.

Retomar el ser "intelectual" y no mero ejecutor de proyectos de investigación. "Desafíos que requieren de intelectuales con disposición y capacidad para ubicarse históricamente, en vez de solazarse en el manejo de información especializada pero fragmentada, o en la utilización de técnicas que no siempre

garantizan preservar una visión integrada de la realidad social"
(Zemelman 2005:25).

Emprender nuevas rutas investigativas a partir del estudio de los
problemas que afronta el mundo de hoy (crisis sistémica) y
abordar nuevas preguntas que impulsen la búsqueda de
alternativas-otras para la Vida. Dejar de "hacer la tarea" para el
mercado, el poder, las instituciones que se han embarcado en
querer medirlo todo bajo los tan traídos y llevados "estándares
de calidad" y "competencias", habiendo dejado de lado la
divergencia, la diferencia, la autonomía y el saber-hacer de cada
una de las comunidades y pueblos que habitamos esta gran casa
azul.

Indagación unidisciplinar (Wallerstein 2007), volver a unir lo
que fue separado. Diferenciar-disociar-integrar; desarrollar una
visión hologramática kósmica que implica: lo intencional,
comportamental, cultural y social (Wilber 2008) y que supone
salirnos de nuestros nichos, disciplinas y miradas restringidas
para poder comprender la realidad envolvente y, desde la
interacción, atrevernos a hacer propuestas realmente
innovadoras, amplias y diversificadas.

Imbuirnos de buenas dosis de *calma eficiente* (Trigo, 2006),
algo totalmente olvidado en los espacios en dónde, hasta hace
no mucho tiempo, era lugar común. Hoy día, "todo" debe
realizarse corriendo, deprisa y para ayer. Es necesario retomar el
tiempo para la elaboración calmada de las ideas, la discusión a-
temporal y al mismo tiempo efectiva, es decir, concretizada en la
construcción conjunta de conocimiento y llevado de aquí para
allá en encuentros y publicaciones, dando lugar a nuevas
cuestiones y diálogos, en una siempre enriquecida espiral de
conocimiento compartido.

En síntesis, *ciencia-conocimiento encarnado* significa investigar
desde:

el propio sujeto que investiga;

su contexto y posibilidad;

su historia y temporalidad;

su sensibilidad;

su corporeidad, motricidad y creatividad;

la curiosidad y la pregunta;
la trascendencia;
el inconformismo y la alegría;
con la satisfacción de lo investigado;
con el aporte que realiza;
la aventura del conocimiento;
la humildad y respeto a sí mismo, el otro y el cosmos;
el compromiso ético-político con la Vida en todas sus
manifestaciones.

Referencias Bibliográficas

Aristizábal, M., y E. Trigo. (2009). *La formación doctoral en América Latina. ¿Más de lo mismo?, ¿una cuestión pendiente?* Colombia-España: iisaber.

Boff, L. (2004). *Ecologia: grito da Terra, grito dos Pobres.* Río de Janeiro: Sextante.

Bohm, D., y D. Peat. (1988). *Ciencia, orden y creatividad. Las raíces creativas de la vida.* Barcelona: Kairós.

Bohórquez, F. (2008). Comunicación vital en la formación médica. Una opción pedagógica en educación médica desde la intersubjetividad creadora. Tesis doctoral.

Bohórquez, F., y E. Trigo. (2006). Corporeidad, energía y trascendencia. Somos siete cuerpos (identidades o notas). *Pensamiento Educativo* 38, 75-93.

Botero Uribe, D. (2000). *Manifiesto del pensamiento latinoamericano.* Bogotá: Magisterio.

Capra, F. (2002). *Las conexiones ocultas. Implicaciones sociales, medioambientales, económicas y biológicas de una nueva visión del mundo.* Barcelona: Anagram.

Damásio, A. (2000). *O mistério da consciência.* Brasil: Companhía das Letras.

Feitosa, A.M., C. Kolyniak, y H. Kolyniak. (2006). *Mudanzas, horizontes desde la motricidad.* Colombia: En-acción / Unicauca.

García, J., E. Trigo, y kon-traste. (1998). Crear ciencia educándonos. Una experiencia en investigación colaborativa. En

Deporte y calidad de vida, 333-342, Madrid: Esteban Sanz.

Gil da Costa, H. (2008). *O medo e o desenvolvimento humano.* Tesis doctoral. Universidade Tras os Montes e Alto Douro. Portugal.

Hawking, S.W. (1987). *Historia del tiempo. Del big bang a los agujeros negros.* Barcelona: Grijalbo.

Jaramillo, L.G. (2006). *Investigación y Subjetividad.* Tesis doctoral. Universidade Tras os Montes e Alto Douro. Portugal.

Kon-Moción. (2009). *Motricidad Humana y gestión comunitaria: una propuesta curricular.* Popayán-Colombia: Unicauca/en-acción.

kon-traste, y Trigo (1999). Trigo. Creatividad, motricidad y formación de colaboradores. Una experiencia de investigación colaborativa. *Apunts* N° 56, 113.

kon-traste, y Trigo (2001). *Motricidad creativa: una forma de investigar.* A Coruña: Universidad.

Montoya, H., y Trigo, E. (2007). Colombia re-creativa a través de sus espacios más significativos. En *V Congreso internacional de Motricidad Humana*, Valdivia. Chile.

Montoya, H., y Trigo, E. (2009). Investigación y formación. Recreando un espacio ecológico a través de la motricidad humana. En *VI Congreso Internacional de Motricidad Humana*, Belém do Pará-Brasil: UEPA.

Morín, E. (1994). La noción de sujeto. En *Nuevos paradigmas, cultura y subjetividad*, Vol. 1 of, Barcelona: Paidós.

Morín, E. (2006). *El Método-6. Ética.* Madrid: Cátedra.

Núñez Errázuriz, R. (2001). Mente-cuerpo: una vieja falacia. *El Mercurio* domingo 21 octubre.

Rosental, M.M., y P.F. Ludin (2002). *Diccionario de Filosofía.* Bogotá: Cometa Editores.

Sérgio, M. (2002). Como se produz o conhecimento. *Discorpo* 12, 9-30.

Sérgio, M. (2005). *Para um novo paradigma no saber e... do ser.* Coimbra.Portugal: Ariadne.

Sérgio, M. (1999). *Um corte epistemológico. Da educaçao física à motricidade humana.* Lisboa: Instituto Piaget.

Sérgio, M., E. Trigo, M. (2010). Genú, y S. Toro. *Motricidad Humana, una mirada retrospectiva*. Colombia-España: Instituto Internacional del Saber.

Sheldrake, R. (1995). *Siete experimentos que pueden cambiar el mundo*. Barcelona: Paidós.

Surrallés, Alexander. (2009). De la intensidad o los derechos del cuerpo. La afectividad como objeto y como método. *Runa Ciudad Autónoma de Buenos Aires* v.30 n.1.

Toro, S. (2010). Corporeidad y lenguaje: la acción como texto y expresión. *Cinta de Moebio* 37, 44-60.

Toro, S. (2005). Motricidad y mente encarnada. En *Actas IV Congreso Internacional de Motricidad Humana*. A Coruña: Diputación.

Trigo, E. (2005). Ciencia encarnada. *consentido*. www.consentido.unicauca.edu.co; www.kon-traste.com 4.

Trigo, E. (1990). *Juventud, tiempo libre y educación en Galicia*. Tesis doctoral. Madrid: UNED.

Trigo, E. (2006). *Inteligencia creadora, ludismo y motricidad*. Popayán-Colombia: Unicauca/en-acción.

Trigo, E. (2008). La investigación como acto creador. En *V coloquio internacional de currículo*. Popayán-Colombia: Unicauca.

Trigo, E. (1999). *Motricidad y creatividad*. Barcelona: inde.

Trigo, E., y Montoya, H. (2010). *Motricidad Humana: política, teoría y vivencias*. Colombia-España: Instituto Internacional del Saber.

Trigo, E., y Toro, S. (2006). Hacia una de-construcción del concepto de ciencia. En *¿Recorre la civilización el mismo camino que el sol? Pedagogía, Subjetividad y Cultura*, 13-34, Popayán: Fondo Editorial Universidad del Cauca.

Varela, F. (2000a). *El fenómeno de la vida*. Santiago de Chile: Dolmen.

Varela, F. (2000b). Francisco Varela y la Mente Encarnada.*http://www.inalambrico.reuna.cl/fichas/entrevistas/francisco_varela.htm*.

Wallerstein, I. (2007). *La crisis estructural del capitalismo*.

Colombia: Desde abajo.

Wilber, Ken. (2008). *El paradigma holográfico. Una exploración en las fronteras de la ciencia.* Barcelona: Kairos.

Zemelman, H. (2005). *Voluntad de conocer. El sujeto y su pensamiento en el paradigma crítico.* Madrid: Anthropos.

Zubiri, X. (1986). *Sobre el hombre.* Madrid: Alianza / Fundación Xavier Zubiri.

NOTAS

Motricidad (humana). El ser humano en su complejidad que se moviliza (siente, piensa, hace, sueña, se comunica) desde el aquí y el ahora a la trascendencia y de ésta al aquí y al ahora, en la relación yo-otro-cosmos. Movimiento intencional hacia la trascendencia. Praxis creadora. Energía que me impulsa a vivir (Red Internacional de Investigadores en Motricidad Humana).

ii Vivimos un momento histórico caracterizado por un desarrollo capitalista carente de todo equilibrio... el afán de lucro y lo que acompaña a éste; la voracidad e irracionalidad en el uso de los recursos, pero sin contrapeso... recuperar la idea de que más importante que el conocimiento es asumir una postura de consciencia que convierta la duda, el límite o el bloqueo en nuevas posibilidades... Como nunca, no podemos hoy aceptar quedarnos dentro de las certezas protegidas por los límites de lo establecido, sino más bien embestirlos desde la búsqueda de utopías que respalden una más plena realización del hombre y fortalezcan su consciencia protagónica (Zemelman 2005: 22).

iii Ruptura epistemológica (Bachelard) / Cortes epistémicos (Foucault) / Revoluciones científicas (Kuhn) / Revoluciones paradigmáticas (Morín). Efecto específico de la irrupción de una determinada formación científica, en el seno de una formación ideológica. Por el *corte* despunta un nuevo conocimiento científico, el cual, en su momento, provoca hondas mutaciones, al nivel de la Filosofía y de la Cultura. Cuatro tesis identifican y limitan el *corte*: señala la relación entre una formación científica y una formación ideológica; consagra la línea de fractura entre las dos formaciones referidas, ya que es evidente la discontinuidad gnoseológica; no se trata de un acontecimiento puntual, sino de un corte incesante, de un proceso ininterrumpido, de un salto cualitativo irrenunciable; el corte epistemológico es específico del campo teórico. El corte, como Bachelard lo acentúa, está más ligado a la imaginación que a la razón, pues se trata de un acto *creador* (Sérgio 1999) y por ende produce incomodidad, de ahí la resistencia a los cambios (Feitosa, C. Kolyniak, y H. Kolyniak 2006). Una ruptura paradigmática afecta, no sólo a un área de conocimiento, sino a la manera como nos ubicamos en el mundo, al sentido que le damos a la propia vida, a cómo interpretamos el universo. Esto implica una remodificación de la vida personal, socio-cultural, económica, científica, institucional-organizacional, en definitiva un re-pensarse y re-pensar toda relación dialógica. Lo cual supone indagar en los *por qué* y *para qué* y no solamente en los *qué* y *cómo* de la "ciencia moderna" (Trigo 2005: 44).

ivVivir es autoposeerse. El viviente animal aprehende estímulos ... la estimulación como función propia es lo que llamo SENTIR. Sentir es la liberación biológica de la estimulación ... esta liberación puede tener formas y grados muy distintos. Hay ante todo una especie de estimulación más o menos indefinida, propia de todo ser vivo: es lo que llamo SUSCEPTIBILIDAD. En el viviente animal se transforma en una sensibilidad más difusa que llamo SENTISCENCIA (12-13)... El hombre siente las modificación tónica de otra manera: él "se" siente afectado en su realidad y en el modo de estar en la realidad. Esto no es ya sentir tónico. Es otra cosa: es SENTIMIENTO... La vida humana es autoposesión en decurrencia. Y esta autoposesión es justo la esencia de la biografía: un proceso de autoposesión de su propia realidad (16-18)... El dominio del sentir es inmensamente más vasto que el del inteligir... La intelección no tiene lugar después de la apertura sensible sino por una necesidad de ésta. El hombre se hace cargo de la realidad cuando no le basta con sentir... la inteligencia está fundada en la sensibilidad... Nada es inteligido si de alguna manera no ha sido sentido (32-33)... La inteligencia "no ve" la realidad impasiblemente, como decían Platón y Aristóteles, sino impresivamente. La inteligencia humana está en la realidad no comprensivamente, sino impresivamente ... Es un acto de sensibilidad intelectiva o intelección sentiente ... la inteligencia en cuanto facultad es sentiente ... no hay pues dos facultades, una inteligencia y una sensibilidad, sino una sola facultad INTELIGENCIA SENTIENTE (35)... El hombre no "tiene" organismo "y" psique como si uno de los términos fuera añadido al otro, sino que el hombre "es" psico-orgánico, es una sustantividad psico-orgánica. Es una estricta y rigurosa unidad estructural de sustantividad, es la unidad intrínseca, formal y estructural de organismo y psique. Este organismo es formal y constitutivamente "psique-de" este organismo. La psique es desde sí misma orgánica, y el organismo es desde sí mismo psíquico. Por esto pienso que no se puede hablar de una psique sin organismo. Por la misma razón, no puede hablarse de organismo humano sin psique. Si imagináramos que a un hombre se le elimina su psique, lo que quedara, el organismo, no sería un animal plenamente viable. Para que lo fuera haría falta modificar algunas estructuras suyas, entre otras las cerebrales. Pero entonces ya no sería organismo humano. El organismo humano no es plenamente viable orgánicamente sin psique. No es por sí mismo un animal completo en cuanto animal... No confundamos soma y organismo. Ser soma, ser cuerpo, no es formalmente idéntico a ser organización físico-química... No hay soma sin organismo, pero ambos no se identifican formalmente ... El soma se funda en la corporeidad... El sistema psico-orgánico en que la realidad humana consiste tiene tres momentos estructurales: organización, solidaridad, corporeidad... No confundamos soma y organismo. Ser soma, ser cuerpo, no es formalmente idéntico a ser organización físico-química... No hay soma sin organismo, pero ambos no se identifican formalmente (...) El soma se funda en la corporeidad... *La realidad humana es un constructo psico-orgánico organizado, solidario y corpóreo, que en su misma organización, solidaridad y corporeidad es un constructo abierto. El hombre se enfrenta con las cosas como realidades, esto es, es animal de realidades porque es estructuralmente una sustantividad abierta* (63-65)...

105

Es falsa la concepción instrumental de la inteligencia ... Bergson es heredero de la falsa idea de la inteligencia, según la cual su función específica sería crear conceptos y emitir afirmaciones. Y no es así. La función específica, básica y radical, de la inteligencia consiste en enfrentarse con las cosas como realidades... No es verdad que exista escisión entre sentir y movimiento... todo sentir es estimulación, y por consiguiente respuesta del organismo entero.

A medida que se va diferenciando el organismo, se van intercalando más anillos, interviniendo más neuronas entre las estructuras receptoras y las estructuras efectoras, lo cual trae como consecuencia la posibilidad de muchísimas respuestas motrices a una misma sensación, pero sin embargo mantiene la unidad radical y fundamental de la *aisthesis* y de la *kinesis*. El sentir no es primariamente un sentir "sensacional", sino un sentir motor o, por lo menos, un sentir perceptivo-motor... Ahora bien, cuando la intelección entra en juego es para hacerse cargo de la situación, haciéndose cargo de la realidad. Y se hace cargo de la realidad sentientemente, esto es, de una manera percipiente y motriz. De ahí que la técnica nace de una inteligencia sentiente, la cual tiene que hacerse cargo no solamente de las cosas que están ahí y me afectan, sino también de lo que efectivamente he hecho con las cosas cuando me muevo (Zubiri 1986).

v La *ciencia* (del latín *scientia*, "conocimiento") es el conocimiento sistematizado, elaborado mediante observaciones, razonamientos y pruebas metódicamente organizadas. La ciencia se divide en ramas y cada rama estudia un aspecto específico de la vida. Las *Nuevas Ciencias* aportan nuevas visiones y posibilidades a la ciencia tradicional que a veces no alcanza explicar todas las facetas de la vida (http://www.editorialkairos.com/catalogo/?c=nueva-ciencia). *La gran revolución de la ciencia actual se da a partir de las posibilidades y condiciones del sujeto.* Así, la ciencia inaugura una alianza en donde no hay más lugar para los dualismos, naturaleza-cultura; blanco-negro; hombre-mujer; señor-siervo; sabio-ignorante; porque toda la complejidad humana está presente en la sistematización del conocimiento, en la creación de los diversos saberes. En esta perspectiva, ciencia y saber son una misma cosa y la sabiduría su filosofía. Defendemos una ciencia relacional y no de utilidad (Sérgio 2002). A la ciencia le ha llegado el momento de detenerse y observar cuidadosamente hacia dónde se dirige... creo que necesitamos cambiar lo que entendemos por "ciencia". Ha llegado el momento de una oleada creativa en una nueva línea (...) La respuesta no se encuentra en la acumulación de más y más conocimientos. Lo que se necesita es sabiduría. Es la ausencia del saber lo que causa la mayoría de nuestros problemas más graves, más que una ausencia del conocimiento (Bohm y Peat 1988).

vi O único caminho para pensar o futuro parece ser a utopia. E por utopia entendo a exploração, através da imaginação, de novas possibilidades humanas e novas formas de vontade, e a oposição da imaginação à necessidade do que existe, só porque existe, em nome de algo radicalmente melhor por que vale a pena lutar e a que a humanidade tem direito (Sousa Santos 2009).

vii 1. Dado que la mente es una encarnación, pretender una razón universal es, entonces, una quimera, más que una utopía. Es posicionamiento autónomo desde la experiencia, de despliegue y relacional en el sentido del lenguaje, por tanto histórica y situacional. Cada persona desde su corporeidad o encarnación define su experiencia e identidad en un permanente acoplamiento con su entorno.

Acoplamiento que al ser también estructural, hace imposible la existencia de una razón universal que defina una realidad positiva u objetiva. Razón por la cual no puede trascender su basamento que es al mismo tiempo su dinámica. 2. De lo anterior se desprende que la razón como proceso no sería consciente, toda vez que los mecanismos que permiten el razonamiento no están a completa disposición de la voluntad del sujeto (propioceptores y procesos neuromusculares, por ejemplo), sin embargo, la razón no es absolutamente no consciente (la metacognición es la expresión de tal situación), pero sí el proceso de obtención o producción de la razón, vale decir, el razonamiento. 3. En consecuencia, la razón no puede ser literal, desapasionada y precisa, objetiva y positiva. Sino más bien es analógica, simbólica y esencialmente emotiva. Por tanto ésta se caracteriza por ser fundamentalmente relacional-metafórica (Toro 2010). El pensamiento y la praxis europea de la razón, la han abstraído de la vida social. La razón ha devenido fundamentalmente ratio, cálculo, quantum, actividad especulativa... Las teorías contemporáneas ya no preguntan por la verdad, sino por la eficiencia; no persiguen el bienestar sino la productividad; no buscan la justicia sino la represión; no atestiguan la vida social en su acontecer sino su funcionalidad; no sirven para saber si vamos bien o mal, sino para la mediación de los indicadores económico (...) El Nuevo Mundo sólo será un mundo nuevo cuando asumamos nuestra cultura para pensar, crear y vivir, sin prejuicios, sin prepotencia, pero con la consciencia clara que la cultura es nuestro ser concreto y que ella es un vehículo adecuado para la expresión del talento y la creatividad (Botero Uribe 2000).

viii "O conhecimento pós-moderno, sendo total, não é determinístico, sendo local, não é descritivista. É um conhecimento sobre as condições de possibilidade. (...) Um conhecimento deste tipo é relativamente imetódico, constitui-se a partir de uma pluralidade metodológica. Cada método é uma linguagem e a realidade responde na língua em que é perguntada. Só uma constelação de métodos pode captar o silêncio que persiste entre cada língua que pergunta. Numa fase de revolução científica como a que atravessamos, essa pluralidade de métodos só é possível mediante transgressão metodológica. Sendo certo que cada método só esclarece o que lhe convém e quando esclarece fá-lo sem surpresas de maior, a inovação científica consiste em inventar contextos persuasivos que conduzam à aplicação dos métodos fora do seu habitat natural" (Sousa Santos, 1988: 48-49).

ix El rígido determinismo de la física de viejo cuño ha dado lugar al reconocimiento de una espontaneidad inherente a la naturaleza -a través del indeterminismo al nivel cuántico, a través de la termodinámica desequilibrada y a través de las intuiciones que brindan las teorías caótica y de la complejidad.

Han aparecido dentro de la cosmología el reconocimiento de una especie de inconsciente cósmico a través del descubrimiento de la "materia negra", cuya naturaleza es oscura en extremo, a pesar de que parece constituir alrededor del 90-99 por ciento de la materia universal. Entretanto, la teoría cuántica ha revelado aspectos extraños y paradógicos de la naturaleza, incluyendo el fenómeno de la no localidad o no separabilidad (Sheldrake 1995: 27).

x Não se pode pensar em objectividade sem subjectividade. (...) Nem objectivismo, nem subjectivismo (...), mas subjectividade e objectividade em permanente dialecticidade. Confundir subjectividade com subjectivismo, com psicologismo, e negar-lhe a importância que tem no processo de transformação do mundo, da história, é cair num simplismo ingénuo. É admitir o impossível: um mundo sem homens, tal qual a outra ingenuidade, a do subjectivismo, que implica homens sem mundo (Freire 2003: 37).

xi No se puede plantear la relación entre la ética y la política sino en términos complementarios, concurrentes y antogonistas (…) la autonomía de la ciencia moderna exigía la disyunción entre el conocimiento y la ética. Lo que nos obliga a una reconsideración es el formidable desarrollo, en el siglo XX, de los poderes de destrucción y manipulación de la ciencia (…) la alianza cada vez más estrecha entre ciencias y técnicas ha producido la tecnociencia, cuyo desarrollo incontrolado, unido al de la economía, conduce a la degradación de la biosfera y amenaza a la humanidad" (Morin, 2006: 56-57).

xii Saber é encontrar as razões e os métodos que permitem a dimensão divina da realidade – dimensão divina, isto é, capaz, pela transcendência, de ruptura e profecia. Ruptura, em relação à ideia de que o ser humano é o Rei da Criação, seu conquistador e manipulador, que separou o sujeito do objecto e alguns sujeitos do seu semelhante (…); ruptura, em relação a um crescimento, apenas técnico e científico, onde as "razões do coração" não se conhecem e onde a "religião dos fins" se substitui pela "religião dos meios"; (…) ruptura em relação ao domínio exclusivo, ditatorial do quantitativo e do físico (mesmo nas suas formas pedagógicas), que eliminou do desenvolvimento humano o não-mensurável, o não-formalizável, o não-biológico e não atribui ao ser humano senão funções sem referência a um projecto de vida; ruptura, por isso, em relação a políticas onde a afectação de recursos contemple tão-só a inovação tecnológica, a competitividade empresarial, a competência científica, sem outros valores, como a justiça social (…) (Sérgio 2005: 53-55).

xiii La palabra *inteligencia* de raíz latina *intelligere*, que tiene el sentido de "reunir en medio", hace pensar en la expresión "leer entre líneas".

Así la inteligencia es la capacidad de la mente para percibir lo que existe "en medio y crear categorías nuevas". Esta noción de inteligencia, que actúa como el factor creativo clave en la formación de categorías nuevas, puede poner en contraste con *intelecto*. Éste es el participio pasado de *intelligere*, por lo que podría interpretarse como "lo que ha sido recogido". Así, el *intelecto* es más o menos fijo, pues se basa en un esquema de categorías ya existente. Mientras que la *inteligencia*, es un acto de percepción creativo y dinámico, que tiene lugar a través de la mente, el *intelecto* es algo más limitado y estático... Las categorías surgen por un juego libre de la mente, en el cual las nuevas formas se perciben mediante una acción creativa de la inteligencia y se van fijando de manera gradual en sistemas de categorías. Este sistema de categorías permanecerá fluido y abierto al cambio siempre que la mente misma esté abierta a la acción creativa de la inteligencia (Bohm y Peat 1988).

[XIV] La consciencia e la posibilidad y acto de construir y combinar representaciones mentales sobre objetos y eventos y de relacionarlas consigo mismo. *La nueva conciencia que emerge tiene como componentes básicos:* a) deposita nuevamente la confianza de la evolución en el ser humano y no en el poder manipulador de la tecnología; b) pone el acento de nuevo en la solidaridad (sinergia) de la experiencia social, pero no mediante una homogeneización cultural o lingüística, que representaría el dominio de una cultura sobre las demás, sino mediante una interrelación fecunda (y plural) de las diferentes experiencias socioculturales (mestizaje); c) enfatiza la necesidad de reconciliación respecto a aquellas fisuras creadas por el ser humano, en primer lugar, la fisura consigo mismo. La nueva consciencia emergente, asumida y testimoniada por varios sectores de la población sienta las bases de un nuevo humanismo en el planeta (Damásio 1995, 2000).

investigación encarnada

LA FORMACIÓN Y CREACIÓN DE EQUIPOS DE INVESTIGACIÓN*

---

* El texto fue publicado como parte del equipo de investigación dirigido por la doctora Margarita Benjumea y editado en: Grupo de Investigación Estudios de Educación Corporal (2005). *Sentidos de la Motricidad en el Escenario Escolar.* Colombia: Digital Express. Fue revisado y actualizado para esta publicación.

RESUMEN

nunca se debe gatear

cuando se tiene el impulso de volar

Hellen Keller

La participación en el grupo de Investigación del proyecto *Los Sentidos de la Motricidad a partir de la visión de los Actores de la Educación Física en Colombia* fue una posibilidad, un desafío, una nueva búsqueda de conocimiento o al menos, de organización de los saberes desde un trabajo Interinstitucional de Universidades, del país y la posibilidad de un diálogo alterno con otras latitudes internacionales que coinciden en procesos de formación académico-investigativa y redes de reflexión interdisciplinaria "con-sentido" en torno a esta dimensión humana "la motricidad". De igual forma, el intentar aportar algo de experiencia y recorrido en este texto ha servido para recordar y sistematizar algunas experiencias de Investigación Colaborativa y actualizarlas al aquí y al ahora desde la vivencia con este grupo de investigadores colombianos. Es así cómo, desde estos párrafos, se pretende brindar un ejercicio de indagación, para que pueda ser retomado a nivel universitario y en la práctica docente de los maestros en la verdadera acción[1] del maestro. Es por esto que, en un primer momento, se presenta la experiencia con el equipo de investigación Kon-traste de la Coruña-España, el cual coordiné; vivencia que retomo dado que fue fuente central para conceptuar la Investigación Colaborativa y

---

1 Acción: acto intencionado interno y externo; observable y no observable: implica pensamiento, intención, emoción, consciencia y energía.

113

posteriormente, presento la evaluación de cómo ha sido encarnado este proyecto investigativo interuniversitario colombiano, del que formé parte como par asesor metodológico externo.

¿Qué es investigar? ¿Cuándo y cómo se aprende a investigar?, ¿qué significa en realidad investigar?, ¿qué es la formación investigadora?, ¿cómo y para qué se crean equipos de investigación?, ¿cuál es la aportación en este tema? Para reflexionar sobre ello o, dicho de manera más "académica", sistematizar lo que ha sido y es la experiencia investigativa y la coordinación de grupos de este tipo, se hace necesario revisar un poco la historia, para intentar llegar al día de hoy, puesto que somos sujetos históricos y nuestra actualidad se va configurando a lo largo de la vida. No nacemos investigadores "académicos" -sí investigadores-niños-, sino que nos hacemos; no nacemos humanos, sino que nos construimos en el devenir humano entre humanos. Por tanto, para hablar de investigación en el momento actual de crisis mundial que nos envuelve, hay que hablar desde la subjetividad o es mejor no hacerlo.

Conceptos previos

En aras de lograr una compresión más cercana en torno a la temática que se pretende tratar, sugiero una definición de conceptos desde donde se parte. Recurrimos, en primer lugar, al diccionario de sinónimos, para que al entender las palabras, podamos comprender los conceptos.

INVESTIGACIÓN	INVESTIGAR
Indagación	Poner en claro
Exploración	Seguir la pista
Pesquisa	Sacar en limpio
Busca	Dar un toque
Averiguación	Inquirir
Sondeo	Indagar
Escudriñamiento	Averiguar

Concuerdo con las palabras del colega Luis Guillermo Jaramillo de la Universidad del Cauca, cuando hace referencia a la investigación como un proceso de enamoramiento entre esa búsqueda constante por lo que somos y aquella producción de conocimiento que hace ciencia encarnada o logos encarnado. Entiendo que la investigación no está separada de la docencia, en tanto la labor del docente universitario no se constriñe a la mera orientación de clases sino a una praxis con sentido y contextualizada permanentemente, aplicando los nuevos conocimientos adquiridos en la investigación. Desde la *motricidad humana*, la investigación se convierte en esos senderos de búsqueda fenomenológica que permite encontrarnos con nosotros mismos con los otros y con lo otro (el cosmos); investigar entonces es igual a enamorarse por aquello que tanto nos apasiona: ser coherente en nuestro discurso con aquello que precisamente hacemos.

Para definir la línea de investigación veamos el siguiente cuadro de definiciones:

LÍNEA DE INVESTIGACIÓN

Línea: raya, estría, surco, ranura, trinchera, trazo, perfil.

Raya: límite, confín, linde, frontera, horizonte, extremo, coto.

Perfil: contorno, silueta, periferia, sombra, alrededor, lado.

Por lo tanto una línea de investigación son aquellos horizontes que orientan un perfil, una silueta de búsqueda y elaboración de nuevas preguntas que surgen del interior de los programas.

En el cuadro siguiente mostramos los significados de un grupo-equipo de investigación:

GRUPO – EQUIPO DE INVESTIGACIÓN

Grupo: conjunto, acumulación, muchedumbre, colectivo, tropa, caterva.

Equipo: aparato, mecanismo, unidad, componente, conjunto, módulo, bloque.

Un grupo o equipo de investigación es un conjunto de

investigadores multidisciplinario que se reúnen alrededor de una o varias líneas de investigación, para diseñar y desarrollar proyectos pertinentes a las necesidades institucionales, como también, colaborar en la construcción de conocimiento al interior de una comunidad académica (clases entre otros) y darlo a conocer (publicación) en otros contextos, tanto nacionales e internacionales.

PROYECTO DE INVESTIGACIÓN

Proyecto: plan, intención, deseo, aspiración, propósito, ideal, designio.

Un proyecto de investigación es un plan de actuación, de cara a alcanzar un propósito inspirado en los deseos de los componentes de los grupos de investigación, en relación al núcleo fundante de los programas de formación profesional del área y/o proyectos en pro del desarrollo del mismo, al contexto y al mundo actual.

INVESTIGADORES

sabios, científicos, estudiosos, inteligentes, intelectuales, pensadores, doctores.

Entendemos por investigador, la persona (para el caso nuestro: docente y estudiante), que tiene la intención de estudiar, pensar y resolver problemas derivados de su actuación personal y profesional.

¿Cómo emerge el espíritu investigativo? ¿Cómo se llega a ser investigador? La búsqueda de una respuesta a este interrogante nos hace remontar a experiencias propias de vida de cómo se llegó hasta acá para formarnos como investigadores; es así como en el desenmarañar del polvo de las entrañas aquellos soplos que, al día de hoy, marcan el ser investigador, y que dan luces de cuál fue el proceso. Cuando se es niño se presentan diferentes cualidades en ese espíritu infantil, para mi caso: curiosa, introvertida, silenciosa, observadora, juguetona, inquieta, lectora, entrometida, nunca conforme, a-norma, vividora de aventuras, caminante escaladora, solitaria y solidaria, compañera y amiga fiel, alegre y triste a la vez.

¿Qué de aquellos años configuran un ser -profesional-investigador? En el comienzo de la vida profesional educadora, siempre el aula significó un lugar de encuentro, de estudio, de observación, de construcción con otros, de colaboración, entusiasmo, aventura, búsqueda, exploración, de alegría, de darse, mirarse, crear, sentir a los otros, de ser. Ese "sentido" que encontraba en el aula, era el sentido, quizá, que no encontraba en otros espacios de vida. Es por ello, que lo vivía con una gran intensidad y trataba siempre que algo quedara en cada uno de los niños, niñas, adolescentes, jóvenes con quienes interactuaba.

Se da comienzo entonces, a sistematizar el trabajo en las aulas y escribir las experiencias que allí sucedían; también a hacer "pinitos" con los "datos" cuantitativos que extraía de eternas "mediciones" a mis alumnos y alumnas. Pero era necesario algo más, sentía que los adultos demandaban también atención y así se da inicio al desarrollo de seminarios didácticos, de juego, de creación con docentes de diversos niveles educativos, educadores de diversas áreas de conocimiento y profesionales de cualquier ámbito del saber. Eran-son éstos, espacios de creación colectiva, de preguntas muchas veces sin respuesta, de cuestionamientos con nuestros hábitos -de vida y profesionales-, de estudio y más sistematización de experiencias, de "contar" lo que las personas cuentan en los seminarios; así de repente se construye el escrito y aparece la publicación, que cada vez es más sólida, más fluida; este ejercicio para mi caso se sucedió durante unas dos décadas.

Un día, el sentimiento de "soledad escritural" aparece y emerge la necesidad de "formar equipo" de investigación y ¿con quién mejor que con mis estudiantes y en qué lugar más propicio que la universidad? ¡Qué atrevimiento!, se abre un nuevo reto, se enfrenta lo desconocido "trabajo en equipo" luego de una larga producción "en solitario". Empiezan a emerger capacidades escondidas, pero mantenidas en la piel a lo largo de los años. Siento, que ese ser juguetón y aventurero que desde niños nos acompaña, se convierte en aliado y compañero de viaje en la nueva andadura.

Explico, a continuación, las experiencias con los distintos

equipos de investigación con quiénes interactúe.

Nosotros: los equipos de investigación (Kon-traste) y docencia en la Universidad de La Coruña (España)

Algo de este proceso está recogido en los textos del equipo, *fundamentos de la motricidad: aspectos teóricos, prácticos y didácticos* (2000, editorial Gymnos) y *motricidad creativa, una forma de investigar* (2000, editorial Universidad A Coruña), también en diversos artículos y ponencias en congresos. Se trata en este momento entonces, de intentar sintetizar la experiencia de siete años de trabajo colaborativo y posteriormente exponer algunos lineamientos generales de actuación, que quizá puedan servir a otros interesados en estos procesos formativos, teniendo en cuenta que las experiencias no son transferibles ni repetibles, pues cada uno la vive de acuerdo a su historia de vida. Todo es un proceso creador y como tal contextualizado al momento, personas, culturas, etc.

Comenzamos en 1994 siete personas; en los años siguientes éramos 10, 14, 18, 31 y 28 respectivamente. Éramos solo un grupo que asumíamos funciones de investigación y docencia y después del primer año, y ante el aumento de colaboradores, vimos la necesidad de dividirnos para poder atender en profundidad a ambas situaciones que nos preocupaban. Algunos de los estudiantes compartían ambos grupos y funciones. El equipo de docencia era el lugar de formación básica en dónde se adquirían capacidades docentes de acción dialógica en el aula. Teníamos como "centro de experiencias" el aula y disciplina que yo impartía como en la Universidad de La Coruña.

¿Cómo era la configuración de ambos equipos, el de docencia y el de investigación?

Es difícil describir este proceso vivido, porque como decimos en Galicia "pasado el día, pasó la romería", queriendo decir con ello que la vida no se puede explicar, sólo vivir y querer describir todo es, quizá, perder la esencia de la misma.

El equipo de investigación, era el de "avanzadilla", en él nos formábamos en investigación colaborativa y en epistemología del área que habíamos elegido como "centro de operaciones": *la motricidad humana y su relación con la creatividad.*

Veamos, entonces, quiénes, qué, cómo, por qué y para qué nos constituimos en sendos equipos de trabajo.

a) Equipo de Docencia

Quiénes. Los estudiantes de la Licenciatura, después de haber cursado la disciplina en primer año, que yo impartía como docente.

Qué

Formación a través de lecturas, discusión, reflexión escrita, aplicación de técnicas de creatividad, seminarios.

Tutorización de grupos de estudiantes de primer año.

Preparación e impartición de clases de manera colaborativa.

Desarrollo de proyectos diversos según el año e intereses de las personas involucradas cada año.

Cómo

En una reunión semanal, en horas del mediodía y con "el bocadillo" en la mano, discutíamos aspectos relacionados con los temas que se abordaban en la disciplina, preguntas que surgían, sugerencias de mejora en el planteamiento del aula, lecturas que nos ayudaran a comprender el proceso didáctico y de problemas del mundo real actual con los cuales comenzábamos la acción dialógica. Buscábamos temas de interés común, de la juventud, la comunidad, del mundo, de la universidad, del aula, de la educación; en fin, cualquier tema que alguno de nosotros traía y que nos brindaba la oportunidad de acercarnos, conocernos y desentrañar los miedos a la libre expresión.

En esta reunión semanal, se preparaba la "tutorización" de los grupos de estudiantes de primero y se hacía el calendario de preparación e impartición colaborativa de clases.

¿Qué era la autorización de estudiantes por parte de los colaboradores y cómo funcionaba?

120 estudiantes era la matrícula oficial en la disciplina, los mismos que habían pasado la fase selectiva de entrada a la Licenciatura. Nuestro proceso era dividir el grupo general en sub-grupos (tantos como colaboradores éramos en cada curso

académico). Por lo tanto cada colaborador/a era responsable de un grupo que podía variar entre siete y diez estudiantes.

El propósito de esta tutorización grupal era doble. Por un lado que los estudiantes tuvieran un "tutor" que los acompañara en su proceso de aprendizaje. Un colaborador que era otro estudiante como ellos, que ya había superado y comprendido la esencia de la materia y que estaba motivado para "ayudar" a otros en su comprensión. Asunto éste de vital importancia para nosotros que entendíamos la enseñanza-aprendizaje como un todo complejo y de alto compromiso humano. En segundo lugar, era colocar a los colaboradores estudiantes en su función de futuros educadores, conocer el proceso desde la enseñanza, no sólo desde el aprendizaje, ver sus dificultades, enfrentarse a la labor de "coordinar" un pequeño grupo, sensibilizarse en su ser educador -profesión que habían elegido y para ello estaban formándose-, darse cuenta de todo lo que implica el aprender y auto-motivarse para seguir formándose en campos muy diversos del saber. El grupo era autónomo en la manera de comunicarse y atender a la formación. El proceso que se seguía en la dinámica de colaboración didáctica del aula era el siguiente (Kon-traste, 2000):

En la reunión conjunta se reparten de manera voluntaria las clases.

Los colaboradores que van a preparar una sesión, harán un borrador que presentarán a la profesora la semana anterior a su impartición.

Los colaboradores que se han interesado en impartir la sesión, la leerán, preguntarán las dudas que tengan y junto con la profesora la llevarán a cabo con los alumnos.

La profesora comparte la sesión con su colaborador, le va dejando margen de actuación según la seguridad que vaya mostrando y va anotando en un pequeño papel (que no interfiera la sesión) las sugerencias que le pueden ayudar a mejorar su intervención.

Al finalizar la sesión, la profesora entrega al colaborador la hoja de anotaciones explicándole sus aciertos y errores. Él o ella se lo lleva a casa para reflexionar sobre su intervención y, en la misma hoja, anota sus reflexiones.

Por qué

Porque "hacer universidad" es algo más que "asistir" a clases y "aprobar" una disciplina para pasar al curso siguiente.

Porque implica una formación humana que trasciende el aula y llega a la propia vida.

Porque la universidad es un lugar de encuentro dialógico, pluricultural y multiétnico con los otros, con quienes aprendemos y desarrollamos proyectos de acción comunitaria.

Porque la discusión en el respeto a la diferencia es la base de la investigación en ciencias sociales.

Para qué

Ser coherentes con nuestro planteamiento educativo-investigativo que habla de conocimiento compartido y colaborativo.

Desentrañar la problemática en el área que corresponda frente a un mundo cada vez más mecanizado, mercantilista y poco emocionado.

Buscar nuevas estrategias de acción participativa en el aula que nos permita "despertar" en los jóvenes estudiantes su función educativa y socio-política.

Ser y sentirnos educadores-investigadores-críticos y no consumidores de información.

b) Equipo de investigación

Quiénes. Los estudiantes de la Licenciatura después de haber cursado la disciplina en primer año, que yo impartía como docente, y de haber estado, al menos un año, en el equipo de docencia (requisito que fuimos colocando después del segundo año y por el aumento de colaboradores).

Qué

Formación como grupo humano.

Formación en investigación colaborativa a través de proyectos en motricidad y creatividad.

Cómo

En una reunión semanal.

Dialogando, discutiendo, leyendo, escribiendo, recibiendo e impartiendo seminarios, diseñando y desarrollando los proyectos de investigación, trabajando individual y en pequeños grupos que se rotaban en función de las diversas tareas que el equipo llevaba entre manos.

Atendiendo a la vida personal-profesional de cada miembro del equipo y al mismo tiempo uniéndonos alrededor del proyecto común que nos convocaba.

Respetando los ritmos individuales y los compromisos del equipo, pero sacando el tiempo para el trabajo.

Produciendo conocimiento y dándolo a conocer a la comunidad científica del área y fuera del área en artículos, congresos, libros y página web, promocionándonos y visibilizándonos.

Por qué

Porque la investigación es parte del proceso formativo en la universidad.

Porque teníamos preguntas que abordar.

Porque nos enamoraba la idea.

Porque nos gustaba trabajar juntos.

Porque queríamos transcender, ir más allá.

Para qué

Tener una disculpa para encontrarnos semanalmente como grupo, diariamente en un espacio de diálogo y afectividad, periódicamente en los viajes a congresos.

Comprender qué era eso de la *motricidad* y su relación con la creatividad.

Aprender a investigar y mostrar los productos de nuestras investigaciones.

Nuestros propósitos de formación-investigativa

Abrir cauces de expresión.

Aprender a trabajar en equipo.

Responsabilizar en las funciones libremente asumidas.

Propiciar el gusto por el trabajo, la ciencia, la investigación.

Trabajar por un proyecto: la *Creatividad* y la *Motricidad*.

Comprender y formarse en creatividad, para iniciar un proceso de transformación individual, de grupo con proyección académica.

Hacer ver el proceso educativo desde la cara de la enseñanza.

Ser multiplicadores: inter-humanismo multiplicador.

Qué aprendimos juntos

Que investigar es tener preguntas que queramos contestarnos y que nos lleven a nuevas preguntas.

Que la investigación es un proceso formativo y que nuestros principios los podemos resumir de esta manera:

Construyendo un nuevo concepto de CIENCIA para una nueva ciencia: la *motricidad humana*.

Los productos son resultado de los procesos.

Diferencia cualitativa, no es igual a competitividad.

Las personas son más importantes que los proyectos, pero debe haber proyectos para crecer.

Coherencia epistemológica: personal, social, formativa, investigadora. Coherencia entre el quiénes, el qué, el cómo, el por qué y el para qué.

Diversidad de proyectos, se respeta la diferencia y los tiempos. Lo macro se alimenta de lo micro.

La pregunta, como posibilitadora de construcción del conocimiento.

La investigación influye en nosotros y nos transforma, nos lleva más allá, es decir nos trasciende y trascendemos con el otro, con los otros, con la comunidad, con la sociedad misma, nos va haciendo cada vez más empáticos con el contexto en dónde nos desenvolvemos.

Que nos interesa trabajar en la formación de personas: críticas, emocionales, curiosas, perspicaces, inventivas y aventureras, autónomas, generosas y constructoras de futuros posibles, en una "calma eficiente" y un "optimismo crítico".

Que las líneas de pensamiento e investigación que guían nuestro hacer dialógico se fueron constituyendo alrededor de las siguientes inquietudes: Humanismo, Desarrollo Humano, Motricidad Humana, Inteligencia Creadora, Sentido lúdico de la vida, Tríada Mágica: amor, poesía, sabiduría; Colaboración – cooperación, pensamiento complejo: crítico + creativo, leyes del caos: la incerteza, la ambigüedad; Neuro-Fenomenología, Teoría de las Organizaciones

Que un "corte epistemológico" es una ruptura paradigmática que afecta, no sólo a un área de conocimiento, sino a la manera como nos ubicamos en el mundo, al sentido que le damos a la propia vida, a cómo interpretamos el universo. Esto implica una remodificación de la vida personal, socio-cultural, económica, científica, institucional- organizacional, en definitiva un re-pensarse y re-pensar toda relación dialógica. Lo cual supone indagar en los Por qué y Para qué, y no solamente en los Qué y Cómo (únicas preocupaciones de la "ciencia moderna").

Que al final de nuestro primer proyecto de investigación colaborativa nuestras prospectivas eran:

Trabajar honestamente hacia el futuro que creemos que debía ser.

Trabajo colaborativo interdisciplinar.

Seguir indagando en Epistemología de la *Motricidad*.

Compromiso en la creación de nuevos campos de acción dialógica.

Diversificación de los proyectos.

Y nuestros desafíos: Transformar lo cotidiano en lúdico, lo individual en experiencia compartida, lo intrascendente en actividad consciente, lo rutinario en significativo, lo simple en motivo de satisfacción, lo desconocido en experimentación, la enseñanza en implicación, la persona que experimenta en persona que "cre-activa".

Nuevos horizontes

Desde América Latina, el espíritu de aquella niña sigue impertérrito y los aprendizajes de Kon-traste mi guía, luz y pasión. En el hemisferio de la biología del amor, es quizá, en dónde está el futuro de la humanidad, porque sino es por el amor que se asienta en nuestras vidas, comunidades, pueblos, veo difícil el futuro de nuestra especie. Nos lo dice muy bien (Berman, 1981, 1992, 2004) en el primer libro de su trilogía "si es que vamos a sobrevivir como especie tendrá que surgir algún tipo de consciencia holística o participativa con su correspondiente formación sociopolítica". Éste es el proyecto que me mueve y que no es otro que la continuación de lo que en Coruña se comenzó en 1994: el proyecto motricidad humana y que en lo personal se manifiesta en estas expresiones:

Encontrar la simplicidad en la propia vida.

Hacer simple lo complejo.

Latinizar y encarnar el conocimiento.

Diversificación de grupos de encuentro, investigación y acción dialógica.

Colaborar en la construcción de conocimiento encarnado en los pregrados, postgrados, doctorados y continuar tutorizando tesis donde la subjetividad y el objeto investigado son parte del mismo proceso (consciencia participativa).

Relación Sujeto-Grupo

Es éste, creo, uno de los aspectos más difíciles de abordar y controlar en la investigación colaborativa y en la formación de equipos de trabajo. No caer en los extremos: individualismos-colectividad es algo que me ha preocupado desde que tengo consciencia de ello. Recuerdo que en mi configuración personal me "rebotaba" cada vez que querían "imponerme" algo que yo sentía "bobo" o "sin sentido". Esa manera "reivindicativa" de ir enfocando la vida, traté de llevarla a los diversos espacios de encuentro en los cuales construí futuro: espacios de amigos, de aula, grupos de formación y/o investigación.

¿Cómo se lleva a cabo? En algunos textos está descrito de

manera formal (ver las referencias en los libros de Kon-traste), pero el proceso es más bien intuitivo. Es un dejarse llevar por el sentir con el otro sin perder los horizontes planteados por el grupo, para el grupo. Es un ir soltando los amarres de la seguridad por la ambigüedad, la ambivalencia, las polaridades, las incertezas, las metáforas que nos posibilitan el "ser posible".

...Es dejar que el otro se equivoque, porque en el error está la eventualidad del descubrimiento.

...Es reconocer al otro como otro, como yo y creer en la emergencia de construcción conjunta de conocimiento.

...Es satisfacerse con el crecimiento personal de cada una de las personas con quien se está, impulsar las capacidades escondidas y en base a ellas, consolidar las fortalezas del grupo.

...Es mirar a los ojos y "saber" si la "agenda" del día es la adecuada para ese día.

...Es encontrar espacios-tiempos para cada persona, más allá del espacio-tiempo grupal.

...Es "jugar" con el "dar" y "recibir": romper con la actitud pasiva del "ir para recibir", para ver qué me encuentro y desarrollar la capacidad del "ir a dar", prepararme cada día, cada encuentro con lo mejor de mí, para llevar siempre algo nuevo, algo mío al grupo: un gran desafío para el cambio de actitud de grupos dependientes para caminar en pro de grupos autónomos y autogestores.

...Es comprender los diferentes ritmos de acción, tener "tareas" para cada ritmo individual y "tareas" para el ritmo del grupo como tal: el grupo se alimenta de las personas individuales; las personas se alimentan del grupo. Si comprendemos este principio, personas y grupo entran en procesos de crecimiento que trascienden todo pronóstico.

...Es permitir al grupo "caer en crisis" y no "anticipar" las crisis, puesto que las crisis nos permiten los cambios y sólo el grupo que cae en crisis, la analiza, la asume, es el grupo que crece porque se convierte en un grupo propositivo y no dependiente de liderazgos o ideologismos.

...Es admitir el fin de un grupo, sin querer forzar su

permanencia. Un grupo-equipo puede disolverse de manera natural, sin necesidad de colapsos, simplemente porque ha llegado al final de su vida natural: cambio de vida en las personas que configuran el grupo, modificación en los contextos de vida, evolución de sus miembros hacia otros intereses, campos de estudio o grupos.

...Es la evolución natural de los grupos que hay que saber respetar de la misma manera que respetamos la evolución de la vida misma de cada uno de nosotros. También es "sano" dar por terminado la existencia de un grupo cuando se percibe que "ya" no hay vida en su interior y las personas no vibran en el mutuo encuentro. En ese momento dejemos "libre" a las personas para que busquen otros espacios de encuentro más acorde con sus etapas de vida-profesionales-investigativas.

A continuación paso a explicar el proceso del grupo de la Universidad de Antioquia.

Análisis valorativo de las acciones de formación investigativa, Grupo Interinstitucional Universidad de Antioquia: Sentidos de la motricidad a partir de la visión de los Actores de la Educación Física en Colombia. 32 investigadores de 4 Universidades del país.

Para evaluar la formación investigativa del grupo, se pasó un cuestionario abierto a cada uno de los investigadores con preguntas muy generales que trataban de comprender el proceso desde el propio actor: el investigador. Con las respuestas se realizó un análisis interpretativo que es el que aquí se presenta.

Las preguntas orientadoras de la reflexión personal fueron las siguientes:

1. Qué aprendí en este proceso (qué, cómo, por qué, para qué, con quién): como persona, profesional, investigador/a.

2. Qué preguntas me han surgido.

3. Qué cambios he introducido en mi vida: personal, de relaciones, profesional.

4. Qué sugerencias introduciría de cara a nuevos proyectos de investigación colaborativa.

127

5. Continuaría con el grupo en nuevos proyectos de investigación. Sí, por qué. No, por qué

Veamos, entonces, los resultados de los docentes-investigadores de este grupo.

1. *Qué aprendí en este proceso*

a) Como Persona

Los y las investigadoras de este grupo, dicen haber aprendido temas que podemos enmarcar en tres categorías: valores, relaciones y conocimiento.

Respecto a los valores, lo que más sobresale es el descubrimiento de potencialidades, como el liderazgo (coordinadora del grupo), la necesidad de trascendencia, el sentido del humor, la motivación para poder estar en los procesos. El compromiso y responsabilidad que implica lo personal, la institución, la comunidad y la sociedad.

En las relaciones se muestran palabras como el aumento de la capacidad comunicativa, la interacción, responsabilidad con el grupo, el ser más tolerante, el ayudar y dejarse ayudar, la importancia del crecer juntos.

Respecto a los conocimientos se manifiesta que se ha quitado la barrera a los límites del conocimiento, la profundización en el tema de estudio y el descubrimiento de una nueva ciencia -la motricidad humana- que se manifiesta en el ser humano de manera distinta en cada lugar del mundo.

Los estudiantes en formación (semilleros de investigación), centran su atención en el auto-conocimiento, el creer en sí mismos, la perseverancia, el haber aprendido a saludar la independencia y a la vez la responsabilidad con el grupo, el orden y la rigurosidad, la calidez humana, la importancia del cuerpo como un todo integrado bio-psio-socio-cultural-ético-político.

b) Como profesional

La reflexión derivada de los aprendizajes que la investigación dejó en el ámbito profesional, las personas los recogen en tres layas: de grupo, conocimientos y transferencia a otras situaciones.

Respecto a lo aprendido como grupo se destaca: el liderazgo, la responsabilidad, el respeto a las ideas de los otros, la rigurosidad en la orientación de grupos y la importancia de la interdisciplinariedad para abordar la complejidad humana.

Los conocimientos que están también relacionados con valores se pueden sintetizar en: escuchar, analizar, compartir, aceptar, descubrir nuevos saberes, aprender a construir teoría desde el escrito.

Y los aprendizajes que los/as investigadores expresan han transferido a otras situaciones se concretan en: el darse cuenta de la misión educativa que como educadores se tiene en toda la labor académica que va desde el aula con los estudiantes, en las instituciones, con las personas que se interactúa y las comunidades. Se habla también de la transferencia a la vida familiar y con los estudiantes en el sentido de haber desarrollado la capacidad de interactuar con los otros y empatizar. Otra transferencia se explicita al referirse al "hacer profesional", en cómo la experiencia en el proceso y en el estudio del tema, ha llevado a sus miembros a un nuevo enfoque de la actividad académica y a cambiar los contenidos de las asignaturas del "deber ser" al "deber hacer".

Los estudiantes en formación valoran básicamente los conocimientos en epistemología, la actitud investigadora, las estrategias para elaborar textos, la franqueza, puntualidad y orden. Y las transferencias se han realizado al ser capaces de analizar la Educación Física en la práctica diaria para no caer en los errores tradicionales, el utilizar la motricidad humana para generar nuevas ideas, enriquecer el área, confrontar paradigmas y madurar en la disciplina.

c) Como investigador/a

El grupo de investigadores principales, en este apartado, se refiere al aprendizaje en conocimientos y transferencia.

Respecto a los conocimientos señalan como importantes: el haberse despertado una necesidad interminable de auscultar en la realidad, conocer nuevos elementos de investigación, la necesidad de deconstruir lo aprendido e indagar en lo desconocido, la interrelación entre teoría-discursos-lectura-encuentros con las personas-actores, el crecimiento del saber, las metodologías de investigación colaborativa y cualitativas, el conocer un área interesante para investigar y la importancia del compartir el conocimiento y el haber descubierto que se puede buscar el bienestar de la humanidad a través del incremento de los conocimientos, lo cual permite llenar vacíos en el conocimiento y dar soluciones o al menos comprender más los problemas. Esos conocimientos adquiridos les han llevado a nuevas demandas y preocupaciones: cualificarse como investigador, cómo lo cualitativo necesita un entrenamiento previo, las diferentes simbologías que se aplican a un concepto y por lo tanto la necesidad de consenso, el vivenciar las teorías.

Los estudiantes en formación, nos indican que lo que más les impactó está relacionado con: el diseño metodológico, las herramientas prácticas, el semillero de investigación, el abrirse caminos, el pensar independiente, el aprender a investigar, la importancia del área de Educación Física, el respeto a las diferencias, el no dar el brazo a torcer.

2. *Qué preguntas han surgido*

¡Qué bueno tener preguntas nuevas al término de una investigación! Y en este grupo han surgido un buen número de ellas que abarcan diversos aspectos, como son:

a) Preocupaciones socio-políticas

¿Cuál es el principio para continuar? ¿Cuál es mi papel en todo este proceso disciplinar y cuáles pueden ser mis aportes? ¿Cómo poder transformar esas realidades encontradas en cada uno de los escenarios, instituciones, personas y temáticas indagadas y que requieren de la intervención de alguien? ¿Cuál es el camino por dónde trasegar por este mundo que aunque siempre sospeché su existencia, apenas se abre ante mí? ¿Desde dónde (país, institución, nivel de formación) puedo optimizar mi intervención? b) Estrategias metodológicas de la propia investigación colaborativa

¿Cómo desarrollar la capacidad de autocrítica y crítica reflexiva en el grupo? ¿Qué estrategias utilizar entre mis compañeros y compañeras para que asuman la investigación más como artesanía intelectual que como un quehacer técnico?

c) Sobre el tema en sí mismo: la motricidad humana

¿Será entendida la motricidad en su gran dimensión por los gobiernos y los responsables de las decisiones educativas del país? ¿Existen en el medio recursos para afrontar el nuevo paradigma de la motricidad? A la motricidad humana la definen sus características del ser humano, por lo tanto se manifiesta en todo acto definido como tal, entonces la motricidad tiene cabida en actividades como la biología, las matemáticas, la geografía, la lengua, el derecho, la ingeniería, la medicina, la recreación y la salud entre otras; entonces ¿por qué llevarla a tendencias puristas? ¿La importancia de la motricidad en el desarrollo humano de todos los seres que habitan este mundo llamado tierra? ¿Relación de las distintas ciencias con la motricidad para un mejor Desarrollo Humano? ¿El alcance de la motricidad en las ciencias médicas? ¿Importancia de la motricidad en las actividades de los limitados físicos y sensoriales? ¿Qué puedo hacer yo como futura profesional?

¿Queremos que la *motricidad* sea vista como una disciplina del saber científico y a la vez como una cultura que todos los seres humanos debemos comprender y vivenciar para que nuestra sociedad a partir de este paradigma viva mejor?

d) La práctica docente (del propio investigador y de los actores socio-educativos)

Los responsables de la orientación universitaria¿lo están haciendo por el camino correcto? Los docentes ¿han comprendido la trascendencia de su formación? ¿Por qué muchos de nosotros, como docentes, nos creemos dueños de la verdad, dueños del conocimiento y nos da temor a que alguien nos interpele? ¿Por qué en muchas ocasiones nosotros como docentes decimos unas cosas y hacemos otras, situación que nos pone en total incoherencia con lo que decimos y hacemos?

e) La formación de investigadores

¿Cuándo dejaremos los docentes de ser tan autosuficientes en el conocimiento? ¿Por qué a nivel del grupo de investigación, en algunos casos nos volvemos egoístas con los compañeros con los que realizamos el proyecto? La formación de estudiantes en investigación en el pre-grado ¿cómo sensibilizar al estudiante frente a las temáticas, para que surjan preguntas que sean pertinentes y que en realidad se ajusten a las necesidades del medio?

3. *Qué cambios he introducido en mi vida*

a) En lo personal

De nuevo podemos organizar las respuestas de los investigadores en tres categorías: valores, relaciones y conocimientos.

En lo que respecta a los valores, estas personas indican asuntos como: destrucción del miedo a intentar, fortalecer el liderazgo y responsabilidad, tener una visión más divergente y más trascendente de los actos de la vida, disminución de mis ocupaciones y haber aprendido a focalizar los intereses con una actitud más relajada. Nuevos hábitos de actividad física.

En las relaciones con los otros, se comenta: ha mejorado la relación con el entorno al ser más cálido, cariñoso y expresivo y dedicar más tiempo a mi familia, compañeros y amigos.

Como conocimientos, podemos apuntar: abrirse a nuevos retos y experiencias y haber entrado en nuevos conceptos de motricidad humana y su utilidad a la vida diaria.

Los estudiantes en formación se expresan de esta manera: mirar hacia adentro (porque la hermenéutica y la observación son herramientas que ayudan a la búsqueda en el inconsciente y eso te ayuda a mejorar las relaciones con los otros y la pareja), a ser más organizado y cumplido y valorar un "halar de orejas" (valores). A ver la investigación para la vida y no sólo para la ciencia, reflexionar la práctica docente, mostrar la vida de otra manera, conocer gente muy importante, aprender a trabajar en grupo, escuchar para rebatir y resignificar.

b) En lo profesional

Los docentes manifiestan que sus aprendizajes en este aspecto se relacionan con los siguientes temas: nuevas y mejores maneras de relacionarme con los colegas y de esta forma participar en redes académicas inter y transdisciplinares tanto en el ámbito local, como nacional e internacional. Nuevas relaciones con el propio conocimiento y sentirse más suelto y tranquilo en ello, permitirme el ser leído y que me hagan observaciones, una visión más holística de las prácticas docentes y preocupación por los intereses y necesidades de los estudiantes. Es importante también el haber sido capaz de inquietar académicamente con el nuevo paradigma.

Los estudiantes en formación nos comentan que los conocimientos de epistemología y la construcción de semilleros los ha llevado a enriquecer la metodología de los cursos y a adaptarse a diferentes contextos.

c) En las relaciones

Este grupo de investigadores valora básicamente el trabajo colectivo, el acercamiento a la comprensión, las acciones y actitudes, estar más sensible a lo que une que a lo que separa, mejores relaciones con uno mismo lo cual lleva a mayores puntos de encuentro con la sociedad, el respeto por las diferencias, ser más tolerante y sociable y compartir conocimientos del área con otros colegas.

Los estudiantes en formación nos comentan como más cercano a ellos: la transferencia que la experiencia lleva a las relaciones con los otros y la pareja (al haber aprendido a observar y hacer lecturas de lo no-verbal) y a vivir en la diferencia de caracteres y pensamientos.

4. *Qué sugerencias introduciría de cara a nuevos proyectos de investigación colaborativa*

Después de esta experiencia de dos años de investigación colaborativa, los propios investigadores están sensibles para detectar sus propios errores y proponer diferentes estrategias de mejora. Ellos y ellas se manifiestan alrededor de responsabilidad y compromiso real con las tareas y las dinámicas que habría que implementar para mejorar la calidad del trabajo. Las estrategias que ellos mismos comprenden y que hay que tener en cuenta para futuros grupos se centra en los siguientes puntos:

Permanecer en contacto con el personal que colabora realizando citas periódicas y conferencias sobre la propia investigación (proceso y producto).

Realizar capacitaciones en el proceso investigativo.

Ir realizando evaluaciones periódicas.

Encuentros de investigadores cada cierto tiempo con un cronograma de esos encuentros.

Exposición clara y honesta de intereses, condiciones, competencias de sus integrantes y distribución de roles.

Planeación concertada de productos, cronograma y compromisos.

Grupos de pocos y bien articulados.

Coordinadores locales que comprendan la lógica teórica y la metodología del proyecto.

Y las sugerencias de cara a futuros temas de investigación se ubican alrededor de la práctica docente: realizar investigaciones de mayor intervención y aplicadas a contextos y desarrollar propuestas didácticas y programáticas.

Los comentarios de los estudiantes en formación, giran entorno a: abrir más espacios de discusión conceptual (tertulias sin presión del tiempo), mayor cumplimiento de los compromisos, mejorar el orden, definir desde el inicio el grupo que se va a comprometer en todo el proceso, firmar una especie de compromiso-reglamento creado por los propios investigadores.

5. *¿Continuaría con el grupo en nuevos proyectos de investigación?*

Todos los investigadores (principales y de semillero, excepto una de ellas), manifiestan un sí rotundo a continuar la experiencia con nuevas investigaciones. Las razones que aluden son las siguientes:

La tarea y el aprendizaje apenas comienza.

Tenemos una responsabilidad con el área: con los sujetos en formación, con las instituciones educativas, la comunidad académica, la sociedad, la cultura, el universo.

Crecer como individuo: sujeto social, disciplinar y profesional.

Es un grupo muy responsable y bien dirigido; un excelente grupo multidisciplinar.

Es un tema interesante que aporta a la comunidad docente y a los avances conceptuales.

Siempre hay que tener una nueva oportunidad.

Es un tema interesante al que puedo aportar.

Primero hemos de realizar una reflexión conjunta de lo que ha pasado y hemos vivido.

No podemos tirar a la basura las experiencias y conocimientos adquiridos.

Síntesis

¿Qué podemos decir de la formación investigativa de este nuevo grupo?, ¿qué aspectos son comunes entre este grupo y Kon-traste?, ¿cuáles son diferentes?, ¿se puede hacer algún tipo de "recomendación-sugerencia", a partir de estas dos experiencias, de cara a procesos de Investigación Colaborativa?

Si decimos que la investigación es proceso y no solamente resultado; que la investigación es formación y no solamente producción; que los grupos-equipos de investigación no son departamentos estancos en dónde se hace "laboratorio", sino que son grupos de vida; si todo esto es parte de nuestro proyecto de vida, ¿qué nos han ratificado o refutado las personas que conforman este equipo coordinado por la profesora Margarita Benjumea?

Las palabras que más se repiten en boca de estos profesores/as son: responsabilidad, compromiso, descubrimiento de nuevas potencialidades y transferencia de la experiencia en el grupo a otros contextos de vida (familia, compañeros, aula).

¿Qué nos están queriendo decir estas expresiones? Nos confirman una vez más nuestra propia experiencia con otros grupos y que hemos dejado expuesto más arriba. Sin estos elementos no hay posibilidad de construcción de historias colectivas, de pensar otros mundos posibles. ¿Cómo avanzar en horizontes de sentido si las personas implicadas no se comprometen en aquello que dicen estar interesadas en construir? Un compromiso y responsabilidad que como seres humanos y no seres-perro tenemos con el mundo, los distintos mundos a los cuales pertenecemos: desde lo más local (la propia persona y el propio grupo) a lo más global (la tierra y el universo) y entre esos dos extremos, todos los grupos de vida (académicos, familiares, institucionales, sociales, culturales). Somos seres de consciencia y como tales nos "toca" tomar consciencia de las distintas realidades que nos envuelven, para colaborar en su construcción-mejora, al mismo tiempo, de esas propias realidades-contextos.

Y por otro lado, ¿cómo hablar de integralidad, de formación integral si separamos el tiempo de vida investigativa del tiempo de vida? He aquí otro gran error que proviene de la sociedad capitalista, la ruptura de los tiempos, parcializando el tiempo, en tiempo de trabajo-tiempo de ocio-tiempo de descanso, ¿es que acaso no es todo TIEMPO DE VIDA? En esta investigación así quedó confirmado. Las personas-investigadoras manifiestan cómo la experiencia ha trascendido a su SER ÍNTEGRO y así han descubierto potencialidades escondidas que les han llevado a un mayor autoconocimiento y a mejorar la interacción siendo más tolerantes y respetuosos con las ideas de los otros. Otros, que no son solamente los propios compañeros del grupo de investigación, sino los otros-de-vida: colegas, amigos, familiares.

¿No es esto uno de los elementos que están implícitos en la *Ciencia de La Motricidad Humana* (CMH)? Decimos que la CMH tiene como uno de sus propósitos la trascendencia hacia la conformación de otros nuevos mundos posibles desde una interrelación yo-otro-cosmos. Sería pues, una inconsecuencia, que una investigación que trata de desentrañar los sentidos de la *motricidad*, no hubiera llegado a esa toma de consciencia, por parte de los mismos actores-investigadores.

Pero, nos queda una duda, ¿fue un propósito de la propia

investigación o un resultado obtenido a pesar de la investigación?, ¿fue el tema el que llevó a esa transferencia o fue el proceso o algún otro elemento? Algo pendiente para investigar.

Otros aspectos repetidos en las palabras de estos actores se refieren a los conocimientos aprendidos respecto a la investigación misma: *profundización en el propio tema* -la motricidad humana-, *la criticidad y rigurosidad* en los procedimientos, el atreverse a *construir teoría escrita*, la importancia de la *interdisciplinariedad* en el grupo y como todo ello lleva a despertar la *actitud investigadora*.

Después de la experiencia en el grupo, sus miembros tienen nuevas preguntas y a partir de ellas proponen nuevos caminos investigativos. ¿Cuáles y en qué temas se han detenido estas personas?

Las reflexiones les han llevado a cuestiones relacionadas con el *marco socio-político-jurídico-administrativo* y si esa realidad social está preparada para asumir un nuevo paradigma desde el cual intervenir. A partir de ahí, los profesores se preguntan por las diferentes *implicaciones que tiene la propia ciencia de la motricidad humana,* su aplicación y estudio.

También al grupo le surgen preguntas sobre los propios *procedimientos de la investigación colaborativa* y cómo mejorar los mismos de cara a los siguientes compromisos investigativos del grupo, a los cuales todos sus miembros manifiestan querer seguir perteneciendo.

Creemos que estas reflexiones confirman la teoría de la investigación colaborativa (Bartolomé 1986, 1990; Devís, 1996) y por tanto, podemos decir, que la experiencia del grupo basada en este tipo de investigación, fue exitosa.

¿Cuáles fueron las expresiones de los miembros del equipo Kon-traste de su proceso formativo después de siete años de trabajo colaborativo?, ¿podemos extraer algún "aprendizaje" de estos dos grupos? Es con esta intención que traemos aquí una "copia" de lo que constatábamos en aquel entonces (Kon-traste, 2001: 182).

Resultado formativo de los miembros del equipo Kontraste

Los estudiantes colaboradores manifiestan que en el grupo se ha aprendido algo más que conocimientos; al estar inmersos en una metodología de trabajo, se transcendió de lo meramente cognitivo, de lo intelectual de la formación y se acercaron hacia otros valores más humanos, sociales y de autoformación como personas.

El buen ambiente que se respira dentro del grupo, a pesar de ser un colectivo tan heterogéneo, lo que conlleva que el grupo de colaboración se convierta en un grupo de amigos que comparten intereses, valoren el trabajo de los demás y aprovechan para conocerse a sí mismos y a los otros.

Los motivos que alegan para seguir en la colaboración es el no limitarse a sacar la Licenciatura, sino a aprovechar todas las posibilidades de formación y así acceder a una formación universitaria más plena que hasta el momento no les aportaba lo estrictamente académico. Dicen haber aprendido a ser más reflexivos, tener más capacidad crítica, ser más participativos, a realizar más preguntas, ser más flexibles, más prudentes, optimistas, autovalorarse y a respetar las aportaciones de los demás. Manifiestan que todo ello ha sido posible porque la coordinadora siempre ha buscado opciones adecuadas a sus intereses siendo su atención siempre personalizada.

Se han producido en el grupo cambios en la manera de concebir la educación. Se han asimilado gran cantidad de metodologías de intervención didáctica y a darle importancia al entusiasmo que debe tener el educador para comunicar bien. Esto les ha llevado a no limitarse a la ley del mínimo esfuerzo, habiendo mejorado considerablemente, a consecuencia de esta colaboración, el currículum académico de cada colaborador. Se puede decir que se ha conseguido reunir una red de futuros profesionales formados en *Creatividad* y *Motricidad*, con gran espíritu de trabajo, que han aprendido e, incluso, transformado su forma de entender la motricidad, dándole un carácter más humanista y ubicando la creatividad donde todos nosotros creemos que se merece.

Queriendo actualizar, para esta edición, datos relacionados con la experiencia formativa del **equipo Kon-traste diez años después**, me atreví a enviar un correo a estos amigos profesionales solicitándoles me dijeran qué les había quedado de aquella vivencia. Recojo aquí algunas de sus reflexiones enmarcadas en cinco categorías en que de manera natural se agrupan sus palabras.

Valores: un pilar en mi vida; desarrollar mis cualidades artísticas; inquietudes y ganas de avanzar y crecer en la vida, lo que llamaría "contribuidores a la sociedad"; cariño, empatía, felicidad, trabajo, responsabilidad, lucha, emoción, poesía, sabiduría, singularidad, travesura, atrevimiento, afectividad, creatividad. Querer ser mejor persona.

Relaciones: amistad, confianza, contacto, colaboración.

Profesión docente: el sueño de poder hacerme un sitio en el mundo de la docencia; marco teórico de la motricidad y la filosofía que marcó un sentido y dirección en mi hacer profesional y personal; estrategias didácticas que hacen de mi labor docente una tarea muy gratificante; innovación docente; generar proyectos integradores de distintas disciplinas y que aporten novedad y calidad en los ámbitos dónde los aplico;

Profesión investigadora: volver a crear un equipo de investigación; la voluntad de trabajar en el mundo de la investigación y la formación de un equipo-de un espacio de trabajo positivo; enriquecimiento profesional que me ha llevado a trabajar en la Universidad y estar constantemente vinculada a proyectos de investigación. Más puntos en mi currículo.

Coordinadora: ir a tu oficina era llegar a un oasis, una especie de refugio en dónde fluía la conversación; dirección y saber llevar al grupo, la vinculación y el trabajo; energía que transmitía; consolidó una actitud docente basada en valores: amor, pasión por lo que hago, ser inquieta, abierta, flexible, generadora de cuestiones, humana, cercana, afectiva, juguetona, reflexiva, hacedora, creadora, diferente, arriesgada, innovadora, trascendente (la huella que guía mi visión de la educación). Mentora.

En síntesis "qué me quedó": amistad y la confianza con

muchos/as compañeros/as de aquel grupo, cariño, empatía, felicidad, trabajo, responsabilidad, lucha; personalidad muy crítica; seguir mi camino en la vida; trabajar más investigando individualmente; momentos de felicidad por haber vivido esta experiencia; bonito recuerdo de todas las personas que pasaron por aquel grupo.

La lectura de estos textos de mis compañeros y compañeras, escrita una década y algo más después de la experiencia, me deja cuando menos "impactada". Sabía que había sido una interesante acción formativa-investigadora, pero desconocía cuánto de aquello realizado de manera "natural", se había quedado impregnado en la corporeidad de aquellos jóvenes y hoy profesionales. No tengo más que agradecerles por los aprendizajes que ellos y ellas me aportaron y que trato de transmitir en los distintos espacios en dónde interactúo.

Los grupos de investigación en la Universidad del Cauca-Colombia (2004-2009)

En octubre del 2003, llego a la Universidad del Cauca y me vinculo como profesora a tiempo completo en enero del 2004. Desde el inicio participo de tres grupos: Doctorado en Ciencias de la Educación, Maestría en Educación y Departamento de Educación.

Fueron espacios diferentes que demandaron estudios y actuaciones distintas de cara a la consolidación de los proyectos.

a) *Grupo de investigación Kon-Moción*. Este grupo se creó con el propósito de estudiar y profundizar en la motricidad humana y el cual coordiné durante cuatro años. Era-es (porque continúa existiendo, coordinado por otros compañeros), un grupo interdisciplinar formado por profesores que, a la manera del equipo Kon-traste, se reunía una vez a la semana en el espacio del doctorado y allí se desarrolló, como proyecto de investigación, el diseño curricular de la motricidad humana que habíamos comenzado en Kon-traste y la red internacional de investigadores en motricidad humana. Fue un proceso lento que decantó en la presentación de la propuesta a las instancias de la universidad y que a pesar de su buena acogida, no fue posible implementar hasta el momento, por los cambios estructurales que está sufriendo toda universidad[2].

A partir de este grupo se genera en la Maestría en Educación, la línea de investigación en Motricidad Humana y diversos artículos que fueron llevados a varios congresos. Si bien la experiencia fue enriquecedora, por las miradas diferentes que desde las distintas áreas se aportaba a la motricidad humana, la reducción de tiempos para la investigación que la Universidad fue implementado, fueron haciendo casi inviable mantener el grupo, como grupo productivo. Es decir, que al estar la Universidad más interesada en resolver los problemas del día a día, que de los proyectos de futuro, los profesores no teníamos tiempo como amerita la investigación[3]. Esto termina siendo un desgaste y quedando la sensación de un trabajo poco eficaz, porque el índice de producción intelectual es realmente bajo; al menos después de la experiencia en Kon-traste, en dónde el ritmo de producción académica iba acorde al ritmo de generación de ideas.

b) *El grupo de investigación del Doctorado en Educación*, pasó por distintas etapas en función de quién lo coordinaba. La etapa más productiva y rica, fue en la coordinación de la Dra. Magnolia Aristizábal, que con su gran esfuerzo creador, consiguió aunar un equipo bien interdisciplinar que nos encandilaba la generación de proyectos, la puesta en escena, orientación de seminarios de este nivel, autoevaluación del programa y cómo todo ello fue convirtiéndose en productos académicos diversos: artículos, libros, publicaciones en web, congresos, etc.

¿Cuáles son los siguiente proyectos-desafíos? El tiempo lo irá diciendo en función de los nuevos espacios de vida y las

---

2 El proyecto de investigación se convirtió en un texto *Motricidad humana y gestión comunitaria, una propuesta curricular*. 2009. Popayán: En-Acción/Unicauca.

3 A pesar de ello, con mi compañero Harvey Montoya, diseñamos, desarrolladmos y editamos un proyecto de investigación *Colombia Eco-Recreativa* que nos permitió construir el concepto de "investigación encarnada" y conocer y dar a conocer Colombia.

problemáticas por las que están pasando las Universidades. E investigar desde afuera de estas instituciones, es prácticamente un imposible, no por el hecho en sí mismo, sino por la dificultad de generar recursos económicos que permitan sobrevivir. Al menos desde las llamadas "ciencias humanas y sociales" que no emiten "productos tangibles tecnológicos", sino "productos no tangibles para un Buen Vivir".

Referencias Bibliográficas

Bartolomé, M. (1986). La investigación cooperativa. *Educar.* 10, 51-78.

Bartolomé, M. y Anguera, M. T. (coords.) (1990). *La investigación cooperativa: vía para la innovación en la universidad.* Barcelona: PPU.

Berman, M. (1981). *El reencantamiento del mundo* (S. B. y. F. Huneeus, Trans. 7ª 2001 ed. Vol. 1). Santiago de Chile: Cuatro Vientos.

_ (1992). *Cuerpo y Espíritu. La historia oculta de Occidente* (R. Valenzuela, Trans. 2ª ed. Vol. 1). Santiago de Chile: Cuatro Vientos.

_ (2004). *Historia de la Conciencia* (V. Mata & R. Valenzuela, Trans. 1ª ed.). Santiago Chile: Cuatro Vientos.

Devís, J. (1996). *Educación Física, deporte y currículum.* Madrid: Visor.

Kon-traste (2000). *Fundamentos de la motricidad: aspectos teóricos, prácticos y didácticos.* Madrid: Gymnos.

Kon-traste (2001): *Motricidad creativa, una forma de investigar.* A Coruña: Publicaciones Universidad.

Trigo, E. y Cols (1999): *Motricidad y Creatividad.* Barcelona: Inde.

EVALUACIONES DEL COMITÉ EDITORIAL

Para Eugenia, hablar de investigación y sus múltiples formas de abordarla nos muestra ese ser inquieto, inconforme, cuestionador, que indaga, busca y luego aporta, no guarda, comparte sus saberes con todo aquel que desea escuchar y aprender en la diferencia.

En el libro muestra, desde la Motricidad Humana, cómo hacer investigación trascendente, formar equipos de investigación que, de manera colaborativa y encarnada, contribuyan a nuevo conocimiento; sin desconocer que como seres históricos, tenemos un compromiso con la sociedad. La pregunta que me queda es: si estamos en una crisis global y hacemos parte de un sistema político, ¿seremos capaces de aportar con nuestro grano de arena a contribuir a su solución?, ¿o seguiremos indiferentes y cuando ya queramos hacer algo sea demasiado tarde?

Exponerse no es fácil, pero Eugenia lo hace aportando nuevos conocimientos, buscando que el lector resuelva o medite en sus cuestionamientos, invitándolo al debate, al diálogo, para que junto con aquellos que no están de acuerdo con sus escritos, construyan conocimiento, pues éste se hace en la diferencia dialógica.

Harvey Montoya (Colombia)

Una vez más Eugenia nos sorprende con un nuevo libro. Pero esta vez enfrentando un desafío muy difícil de sobrellevar, a saber, sobre investigación, ciencia, epistemología, compromiso, vivencia y utopía. Este texto nos invita a posicionarnos sobre nuestras particularidades como latinos y constructores de conocimiento, de realidad y sociedad, desde nuestros propios sentires y vivencias. Desde lo que Sartre definiría como la filosofía de la concretud y que dado las condiciones histórico- culturales del continente, implica compromiso y militancia por una sociedad más equitativa, tanto entre seres humanos como entre todos los seres vivos de la tierra. Es decir, una ciencia que se sitúe desde la corporeidad de los que sufren, de las víctimas, en palabras de Enrique Dussel, desde aquello que nos interpela en lo cotidiano con todas sus contradicciones y posibilidades. Resignificar la ciencia, significa resignificarse a sí mismo, deconstruirse en función de compromisos éticos y existenciales que puedan favorecer una ciencia cercana a una vida buena, al entorno y al cosmos, no solamente a las necesidades atropocéntricas y menos al mercado insensible y depredador.

Una ciencia de tal envergadura asume sus elementos arqueológicos del conocimiento ancestral, de la riqueza espiritual e inmanente-trascendental de la vida y sus simbolismo. Una ciencia que se reconozca éticamente, nos implica en formas diferentes del conocer, de la confluencias epistémicas, no sólo del abstraer sino también del relacionar. En el fondo, Eugenia nos invita a reconocer que la investigación rigurosa, coherente, confiable y coherente, también demanda sentido y compromiso por la vida. Una ciencia de tal envergadura puede estar a la altura de las circunstancias que esta nueva etapa nos demanda.

Sergio Toro (Chile)

Muchos son los alumnos (de licenciatura, maestría o doctorado) que guardan en la memoria la sensación de sufrimiento y de encaje en camisas de fuerza, más o menos desenraizadas e incomprendidas, frente al estudio de cuestiones de investigación, métodos, paradigmas... Pocos son aquellos a quien, desde temprano, alguien ayudó a percibir, cómo se aprender en este libro, la relación que existe entre la investigación y la vida: un espíritu inquieto y curioso, una actitud de reconocimiento por el camino que otros ya recorrieron, la humildad por el misterio del conocimiento, la capacidad de escucha, el respeto por la lentitud de los procesos, la pasión del descubrimiento de nuevas respuestas-preguntas y nuevos caminos.

Helena Gil (Portugal)

Nota sobre la autora

 **Eugenia Trigo Aza**, gallega de nacimiento (España) y residente en Colombia desde el 2004. Es Doctora en Filosofía y Ciencias de la Educación y Doctora en Educación Física. Fue profesora – investigadora titular en la Universidad de A Coruña (España), en el Instituto Universitario de Maia (Portugal) y en la Universidad del Cauca (Colombia). Profesora invitada en más de cincuenta universidades europeas y latinoamericanas. Actualmente dirige el Instituto internacional del Saber Kontraste. Ha orientado seminarios en España, Portugal y casi todos los países de Latinoamérica y escrito más de una decena de libros y numerosos artículos sobre las temáticas: motricidad humana, creatividad, investigación colaborativa, ludismo, ciencia encarnada, eco-recreación, formación doctoral.

Obras editadas por la colección Léeme
Instituto Internacional del Saber
www.iisaber.com

Aristizábal, M. & Trigo, E. (2009). *La formación doctoral en América Latina... ¿más de los mismo?, ¿una cuestión pendiente?.* Léeme-1. Colombia: Iisaber. ISBN: 978-1-4092-9810-6

Sérgio, Trigo, Genú, Toro (2010). *Motricidad Humana: una mirada retrospectiva.* Léeme-2. Colombia: Iisaber. ISBN: 978-1-4452-2249-3

Trigo, E. & Montoya, H. (2010). *Motricidad Humana: política, teorías y vivencias.* Léeme-3. Colombia: Iisaber. ISBN: 978-1-4452-7654-0

Benjumea, M. (2010). *La Motricidad como dimensión humana – un enfoque transdisciplinar.* Léeme-4. Colombia: iisaber. ISBN: 978-1-4466-5641-9

Rojas Quiceno, G. (2011). *La vida y sus encrucijadas – un camino para el Buen Vivir.* Léeme-5. Colombia: iisaber. ISBN: 978-1-4475-1107-6

Montoya, H. & Trigo, E. (2011). *Colombia Eco-Recreativa.* Léeme-6. Colombia/España: iisaber. ISBN: 978-1-4709-5418-5

Gil da Costa, H. (2012). *O Medo e o desenvolvemento humano.* Léeme-7. España/Portugal: iisaber.

Trigo, E. (2011). *Ciencia e investigación encarnada.* Léeme-8. España: iisaber.

www.ingramcontent.com/pod-product-compliance
Lightning Source LLC
Chambersburg PA
CBHW051315170526
45166CB00002B/550